全国普通高等教育"十三五"食品科学与工程专业院校规划教材

食品科学与工程专业实验实习指导用书

化学综合实验指导

主　编　石汝杰

编　委　周大祥　李彦杰　刘仁华

　　　　杨　玲　张弦飞

中国中医药出版社

·北　京·

图书在版编目（CIP）数据

化学综合实验指导/石汝杰主编．--北京：中国
中医药出版社，2019.8
食品科学与工程专业实验实习指导用书
ISBN 978-7-5132-5580-6

Ⅰ.①化…　Ⅱ.①石…　Ⅲ.①化学实验-高等学校-
教材　Ⅳ.①O6-3

中国版本图书馆 CIP 数据核字（2019）第 087933 号

中国中医药出版社出版

北京经济技术开发区科创十三街 31 号院二区 8 号楼
邮政编码　100176
传真　010-64405750
保定市西城胶印有限公司印刷
各地新华书店经销

开本 787×1092　1/16　印张 12　字数 267 千字
2019 年 8 月第 1 版　2019 年 8 月第 1 次印刷
书号　ISBN 978-7-5132-5580-6

定价　48.00 元
网址　www.cptcm.com

社 长 热 线　010-64405720
购 书 热 线　010-89535836
维 权 打 假　010-64405753

微信服务号　zgzyycbs
微商城网址　https://kdt.im/LIdUGr
官 方 微 博　http://e.weibo.com/cptcm
天猫旗舰店网址　https://zgzyycbs.tmall.com

如有印装质量问题请与本社出版部联系（010-64405510）

《食品科学与工程专业实验实习指导用书》
丛书编委会

序

现代高等教育自诞生之日起始终伴随着争论与改革，在探索、改革、发展中一路走来。在现代大学制度下，食品科学与工程专业的人才培养不论是从结构上、质量上、水平上都无法同国家战略对食品人才的需求匹配，无法满足经济结构调整、行业转型升级、产业换档提速的发展要求，存在人力资源供给和产业需求脱节现象。因此，有必要根据21世纪国内外教学改革的发展方向，在原有基础上着眼于不断充实相关学科的新知识，在新的高度上将新知识以及社会发展的新要求体现于实验实训教材之中。为此，我们编写了《食品科学与工程专业实验实习指导用书》。

重庆三峡学院为重庆市首所倡导"绿色教育理念"、力推"绿色教育产教融合"的本科院校。食品科学与工程专业是国家首批卓越农林人才教育培养计划改革试点专业，重庆市"三特行动计划"特色专业，中美产教融合＋高水平应用型高校建设专业。多年的研究和实践教学表明：高等教育中院校教育改革的核心是建立符合学科特点和人才成长规律的课程体系，并以恰当的形式付诸实践，其中，如何使理论课程学习和相应的基本实践技能培训共同提高、全面发展，尤其值得关注。

《食品科学与工程专业实验实习指导用书》包括《化学综合实验指导》《微生物学实验指导》《三峡库区特色食品检测与分析综合实验指导》《食品工艺学实验指导》四个分册，集食品科学与工程等相关专业的主体实验内容、实习实训内容于一体，是食品科学与工程学理论与生产实践相结合的产物，是综合性与实践性很强的专业实验实习。以产业发展对人才需求为导向，产学研用相融合，将"科研促教学、科研转化教学""绿色理念""三峡库区特色优势生物资源"有机地贯穿于实验教材中，全力铸就"三峡""绿色""应用"三大品牌，改革教学内容和课程体系，使教育链、人才链与产业链、创新链有机衔接，实现专业链与产业链、课程内容与职业标准、教学过程与生产过程对接，提高本科生的实践能力、科研能力、创新能力，立足于服务区域经济社会发展的应用型人才培养，为提升对食品科学与工程专业人才培养和食品经济发展的贡献而努力。编写本套教材的目的是培养学生具备食品检验和食品加工的基础实验技能，提高学生从事食品开发的能力，结合实习实训和毕业设计（论文），完成食品工程师和食品检验师所具备的基本能力训练。

本套教材能够顺利完成，得益于各位参与者的辛勤努力和无私奉献，也得益于教育部"国家卓越农林人才教育培养计划（实用技能型）改革试点项目"、重庆市教育委员会"三特行动计划"特色专业、重庆三峡学院生物与食品基础实验教学中心和重庆市教育委员会教育教学改革项目的支持与资助。此外，本套教材的编写也得到了重庆三峡学院有关部门和领导的关心与指导。在此谨以本套教材的付梓刊印向所有支持高等教育的人们致以崇高的敬意!

应当指出,由于本套教材倡导的教学内容和思路有一些尚处于研究探索阶段,尽管参加研究和编写的专家都本着对教学高度负责的态度,反复推敲,严格把关,但缺点和错误在所难免,恳请专家同道和广大师生批评指正,多提宝贵意见,以便今后修正、充实,日臻完善。

《食品科学与工程专业实验实习指导用书》编委会

2019 年 2 月 16 日

前　言

　　大学化学实验是农业生产、食品科学、生物科学和生物技术等专业必修的专业基础课程。大学化学实验主要包括无机化学、分析化学、有机化学等实验课程。一直以来，这些实验课程大多单独选购专业教材，既增加学生的经济负担，又违背可持续发展的绿色经济路线。为适应大学专业课学时压缩的教学改革趋势和社会对高层次、应用型、实践性专门人才的需求，本实验教材将无机化学、分析化学和有机化学的实验有机地融为一体。全书共编入实验项目61项，附录2项，所选实验都是通用的、经典的，适于生命科学、农学、林学、园艺学、食品科学等非化学专业学生使用。

　　同时，运用绿色化学原理和方法，帮助学生建立绿色化学的理念是本实验教材的另一特点。在传统的有机化学实验中，经常会产生大量的废物或者存在较高的操作危险性。本书在编排有机化学实验时，尽量选择可以减少有毒溶剂使用或能在室温下发生反应的实验；优先选择使用无毒、无害、无二次污染的反应物或催化剂；对于确定要用到有毒有害物质的实验，则采用半微量型或微量型实验。

　　本实验教材是重庆三峡学院食品科学与工程特色专业建设资助项目，在编写过程中，参考了一些实验教材和相关论文，同时得到了生物与食品工程学院相关专业老师的指导和帮助，在此一并致谢。由于编者水平有限，书中难免有不当之处，敬请各位读者给予批评指正。

编　者

2017 年 12 月

目　录

第一章　化学实验的基础知识和基本操作

第一节　化学实验的基础知识

一、化学实验课程的目的与意义

"实验教学是实施全面化学教育的有效形式"。化学是一门以实验为基础的自然科学，其各门课程的理论和定律都是通过实验总结出来的。化学新物质的合成及应用也离不开化学实验。

化学实验是在人为条件下进行化学现象的模拟、再现和研究的实践性活动。而化学实验的成功与否，与实验条件和实验操作者的实验技能、技巧有关。在实验条件(仪器和药品)已经满足实验要求的前提下，则实验操作者实验技能的高低是影响实验结果和准确性的直接因素。

化学实验课程的目的是使学生加强对化学实验仪器和实验装置操作规范的认知，扎实地训练化学实验方法与技能技巧。化学实验课程的任务是使学生了解化学实验的类型；具备化学实验常识；正确选择和使用常见的实验仪器设备，了解其构造、性能、用途和使用方法；熟悉实验原理和操作，系统掌握无机化学实验、有机化学实验、分析化学实验、物理化学实验和仪器分析实验的基本操作方法和实验技能技巧；培养学生认真实验、仔细观察、积极思考、如实记录的实验素养、实事求是的科学态度及科学思维方法。通过化学实验课程的学习，使学生具备较高的化学实验素养、操作技巧和实验能力，为以后学习各门实验课程打下良好的基础。

二、化学实验的学习方法

学好并掌握化学实验，不仅要有正确的学习态度，还需要有正确的学习方法，可以从以下四个方面开始化学实验的学习。

(一)预习实验

充分预习是做好实验的保证和前提。化学实验是在教师指导下，由学生独立实践完成的。只有充分理解实验原理、操作要领，明确自己在实验室中将要解决哪些问题、怎样去做、为什么这样做，才能主动和有条不紊地进行实验，取得理想的结果，感受到做实验的意义和乐趣。预习实验必须做到以下两点：

1. 认真阅读实验教材及其相关参考资料，理解实验原理，熟悉实验操作的要领和仪器的使用方法。

2. 写出预习报告，可以用化学反应式、流程图等表明实验步骤，留出合适的位置记录实验现象；设计一个记录实验数据和实验现象的表格等；切勿原封不动地照抄实验教材。

（二）实验开展

实验开展时要认真正确地操作、仔细观察、及时并如实地记录，最好用表格的形式记录数据，绝不能拼凑或伪造数据，也不能掺杂主观因素。如果记录数据后发现读错或测错，简要注明理由，便于找出原因。

实验过程中要注意对现象的观察，学会观察和分析变化中的现象，如物质的状态和颜色、沉淀的生成和溶解、气体的产生、反应前后温度的变化等都是实验现象，要善于透过现象看本质。

同时，应该及时并如实地记录实验现象，如果实验现象与理论不符，应首先尊重实验事实。不要忽视实验中的异常现象，更不要因实验的失败而灰心，而应仔细分析实验失败的原因，并用同样的方法，在相同条件下进行重复实验，查清现象的来源，检查所用的试剂是否失效、反应条件是否控制得当等，提高自己的科学思维能力与实验技能。

（三）实验报告

实验报告是总结实验进行的情况、分析实验中出现的问题和整理归纳实验结果必不可少的基本环节，是把直接认识和感性认识提高到理性思维阶段的必要环节。通过实验报告也可反映每个学生的实验水平，是实验评分的重要依据。实验者必须严肃、认真、如实地写好实验报告。

实验报告包括以下七部分内容：

1. 实验目的。

2. 实验原理：主要用化学反应方程式和公式表示，语言要简明扼要。

3. 实验仪器与药品。

4. 实验步骤：尽量用表格、流程图、符号等形式，表达要清晰、有条理。

5. 实验现象和数据记录：表达实验现象要正确、全面，数据记录要规范、完整，决不允许主观臆造、弄虚作假。

6. 实验结果：对实验结果的可靠程度与合理性进行评价，并解释所观察到的实验现象；若涉及数据计算，务必将其所依据的公式和主要数据表达清楚。

7. 问题与讨论：针对本实验中遇到的疑难问题，提出自己的见解或体会；也可以对实验方法、检测手段、合成路线、实验内容等提出自己的意见，从而使创新思维和创新能力得到训练。

三、实验室守则

1. 实验前认真预习，明确实验目的，了解实验原理，熟悉实验内容、方法和步骤，做好实验准备工作；严格遵守实验室的规章制度，听从教师的指导。

2. 实验中要保持安静，不得大声喧哗，不得随意走动；实验时要集中精力，认真操作，积极思考，仔细观察，如实记录。

3. 正确使用实验仪器、设备，精密仪器应严格按照操作规程使用，发现仪器有故障时应立即停止使用，并及时向指导教师报告。

4. 实验台上的仪器、试剂瓶等应整齐地摆放在一定的位置上，注意保持台面的整洁；每人应取用自己的仪器，公用或临时共用的玻璃仪器使用完后应洗净并放回原处。

5. 药品应按规定量取用，如未规定用量，应注意节约使用；已取出的试剂不能再放回原试剂瓶中，以免带入杂质；取用药品的用具应保持清洁、干燥，以保证试剂的纯洁和浓度；取用药品后应立即盖上瓶盖，以免放错瓶塞，污染药品；放在指定位置的药品不得擅自拿走，用后要及时放回原处；实验中用过又规定要回收的药品，应倒入指定的回收瓶中。

6. 实验中的废渣、纸、碎玻璃、火柴梗等应倒入废品杯内；废液应倒入指定的废液缸；剧毒废液由实验室统一处理；未反应完的金属洗净后回收；实验室的一切物品不得私自带出室外。

7. 实验结束后，应将所用仪器洗净后放回实验橱内；橱内仪器应清洁整齐，存放有序；实验室内公共卫生由学生轮流打扫，并检查水、电，关好门窗。

四、实验室的安全常识

化学实验室也要贯彻"安全第一、预防为主"的方针，指导教师和学必须掌握丰富的安全知识，严格遵守操作规程和规章制度，经常保持警惕，以避免事故发生。如果预防措施可靠，发生事故后处理得当，则可以使伤害降到最低。

(一)实验室危险性的种类

1. 火灾爆炸危险性

实验室发生火灾的危险带有普遍性，这是因为化学实验室中经常使用易燃易爆物品，如高温高压容器(灭菌锅)、减压系统(真空干燥、蒸馏等)处理不当，操作失灵，再遇上高温、明火、撞击、容器破裂或没有遵守安全防护规程，往往会酿成火灾或爆炸事故，轻则造成人身伤害、仪器设备破损，重则造成多人伤亡、房屋破坏。

2. 有毒气体危险性

在实验中经常要用到各种有机溶剂，这些溶剂不仅易燃易爆而且有毒，且在实验中往往会产生有毒气体，如不注意则有引起中毒的可能性。

3. 触电危险性

实验室离不开电器设备，因此实验人员应懂得如何防止触电事故或由于使用非防爆电器产生电火花引起的爆炸事故。

4. 机械伤害危险性

化学实验经常会用到玻璃器皿，或用玻璃管连接胶管等，若操作者疏忽大意或思想不集中往往会造成其皮肤与手指损伤、割伤等。

5. 放射性伤害危险性

从事放射性物质分析及 X 光衍射分析的人员很可能受到放射性物质及 X 射线的伤害，必须认真防护，避免放射性物质侵入和污染人体。

（二）事故的处理和急救

1. 割伤

先将伤口中的异物取出，不要用水冲洗伤口，轻伤者可以涂紫药水（或红汞、碘酒）或用"创可贴"包扎；伤势较重者需先用酒精清洗、消毒，再用纱布按住伤口，压迫止血，然后立即送医院治疗。

2. 烫伤

被火、高温物体或开水烫伤后，不要用冷水冲洗或浸泡。若烫伤处皮肤未破溃可将碳酸氢钠粉调成糊状敷于伤处，也可用 10% 高锰酸钾溶液或苦味酸溶液冲洗灼伤处，再涂上獾油或烫伤膏。

3. 强酸腐蚀

若受到强酸腐蚀应立即用大量水冲洗，再用饱和碳酸氢钠溶液或稀氨水冲洗，最后再用水冲洗；若酸液溅入眼睛，先用大量水冲洗后，立即送医院诊治。

4. 浓碱腐蚀

若受到浓碱腐蚀应立即用大量水冲洗，再用 2% 醋酸溶液或饱和硼酸溶液冲洗，最后再用水冲洗；若碱液溅入眼睛，先用 3% 硼酸溶液冲洗，然后立即到医院治疗。

5. 溴腐蚀

若受到溴腐蚀应先用苯或甘油洗濯伤口，再用水冲洗。

6. 磷灼伤

若受到磷灼伤应立即用 1% 硝酸银溶液、5% 硫酸铜溶液或浓高锰酸钾溶液洗濯伤处，除去磷的毒害后，再按一般烧伤的处理方法处置。

7. 吸入刺激性或有毒气体

吸入氯气、氯化氢气体时，可吸入少量乙醇和乙醚的混合蒸气解毒；吸入硫化氢或一氧化碳气体而感到头晕、胸闷、欲吐时，应立即到室外呼吸新鲜空气。但应注意，氯气、溴中毒不可进行人工呼吸；一氧化碳中毒不可施用兴奋剂。

8. 毒物入口

若误食毒物或毒物进入口中可先服一杯含有 5～10mL 稀硫酸铜溶液的温水，再将手指伸入咽喉部催吐，然后立即送医院治疗。

9. 触电

若不小心触电应立即切断电源，或尽快用绝缘物（干燥的木棒、竹竿等）将触电者与电源隔开，必要时需进行人工呼吸。

10. 起火

若遇起火要立即灭火，并采取措施防止火势蔓延(如切断电源、移走易燃药品等)，必要时应报火警(119)。灭火时要针对起火原因选择合适的方法和灭火设备。

(1)一般情况下，小火可用湿布、石棉布或砂子覆盖燃烧物而灭火；大火可以用水、泡沫灭火器、二氧化碳灭火器灭火。

(2)活泼金属，如钠、钾、镁、铝等起火，不能用水、泡沫灭火器、二氧化碳灭火器灭火，只能用砂土、干粉灭火器灭火；有机溶剂起火时切勿使用水、泡沫灭火器灭火，而应该用二氧化碳灭火器、专用防火布、砂土、干粉灭火器等灭火。

(3)精密仪器、电器设备起火时，首先应切断电源，小火可用石棉布或砂土覆盖灭火，大火用四氯化碳灭火器灭火，亦可以用干粉灭火器或1211灭火器灭火。但注意不可用水、泡沫灭火器灭火，以免触电。

(4)身上衣物起火时，切勿惊慌乱跑，应尽快脱下衣物或用专用防火布覆盖起火处；或就地卧倒打滚，也可起到灭火的作用。

五、化学实验数据的记录与处理

(一)化学实验数据的记录

学生应有专门的、预先编有页码的实验记录本，不得撕去任何一页。绝不允许将数据记在单面纸或小纸片上，或记在书上甚至手掌上等。实验记录本上记录的是实验中的所有原始数据，一般整理后书写实验报告。实验过程中的各种测量数据及有关现象，应及时准确且清楚地记录下来。记录实验数据要实事求是，切忌随意拼凑或伪造数据。

实验过程中，测量数据时应注意其有效数字的位数。用分析天平称量时，要求记录到0.0001g。滴定管及吸量管的读数应记录到0.01mL。用分光光度计测量溶液的吸光度时，如吸光度小于0.6，应记录至0.001；大于0.6时，则要求记录至0.01。

实验记录中的每一个数据都是测量结果，所以重复观测时，即使数据完全相同，也要记录下来；如滴定管的起始读数每一次均为零刻度，也应该严格记录0.00mL。

进行实验记录时，文字记录应整洁；数据记录应采用表格的形式。这样在后期整理时则更为清楚明白。

在实验过程中，如发现数据算错、测错或读错而需要改动时，可将该数据用一横线划去，并在其上方写上正确的数据。

(二)化学实验数据的处理

为了衡量分析结果的精密度，一般对单次测定的一组结果x_1, x_2, ……, x_n，算出其算术平均值$\bar{x}$后，应再用单次测量结果的相对偏差、平均偏差、标准偏差等表示出来。以上是分析化学实验中较常用的几种处理数据的方法。一般在分析化学实验中相对偏差、平均偏差和相对标准偏差的结果保留1位有效数字即可。

算术平均值：

$$\bar{x} = \frac{x_1 + x_2 + \cdots + x_n}{n} = \frac{\sum x_i}{n}$$

相对偏差：

$$\frac{x_i - \bar{x}}{\bar{x}} \times 100\%$$

平均偏差：

$$\bar{d} = \frac{|x_1 - \bar{x}| + |x_2 - \bar{x}| + \cdots + |x_n - \bar{x}|}{n} = \frac{\sum |x_i - \bar{x}|}{n}$$

相对平均偏差：

$$RMD = \frac{\bar{d}}{\bar{x}} \times 100\%$$

标准偏差：

$$s = \sqrt{\frac{\sum (x_i - \bar{x})^2}{n-1}}$$

相对标准偏差：

$$RSD = \frac{s}{\bar{x}} \times 100\%$$

其他有关实验数据的统计学处理，如置信度与置信区间、是否存在显著性差异的检验及对可疑值的取舍判断等，可参考有关教材和专著。

第二节　化学实验的基本操作

一、无机化学及分析化学实验的基本仪器

表 1 – 1　常用无机化学和分析化学实验仪器的使用

仪器	主要用途	注意事项
 烧杯	①物质的反应器、确定燃烧产物； ②溶解、结晶某物质； ③盛取、蒸发浓缩或加热溶液； ④盛放腐蚀性固体药品进行称重	①给烧杯加热时要垫上石棉网，以均匀供热。不能用火焰直接加热烧杯，因烧杯底面积大，用火焰直接加热，会使玻璃受热不匀而引起炸裂。加热时，烧杯外壁须擦干； ②用于溶解时，液体的量以不超过烧杯容积的 1/3 为宜，并用玻璃棒不断轻轻搅拌。溶解或稀释过程中，用玻璃棒搅拌时，不要触及杯底或杯壁； ③盛液体加热时，液体量不要超过烧杯容积的 2/3；一般以烧杯容积的 1/3 为宜； ④加热腐蚀性药品时，可将一表面皿盖在烧杯口上，以免液体溅出； ⑤不可用烧杯长期盛放化学药品，以免落入尘土或使溶液中的水分蒸发； ⑥不能用烧杯准确量取液体

仪器	主要用途	注意事项
 量筒和量杯	按体积定量量取液体	①不能作为反应容器； ②不能加热； ③不能稀释浓酸、浓碱； ④不能储存药剂； ⑤不能量取热溶液； ⑥不能用去污粉清洗，以免刮花刻度
 锥形瓶（三角烧瓶）	锥形瓶一般用于滴定实验中；亦可用于普通实验中，制取气体或作为反应容器	①注入的液体最好不超过其容积的1/2，过多容易造成喷溅； ②加热时使用石棉网（电炉加热除外）； ③锥形瓶外部要擦干后再加热； ④使用后需用专用洗涤剂清洗干净，并进行烘干，保存在干燥容器中； ⑤一般情况下不可用来存储液体； ⑥震荡时应向同一方向旋转
 试管及试管架	试管可以盛取液体或固体试剂；加热少量固体或液体；制取少量气体的反应器；用作少量试剂的反应器，在常温或加热时使用； 试管架用于放置（有时也可以将试管放置于试管架上，观察实验现象）、晾干试管	①盛取溶液时溶液量不超过试管容量的1/2；加热溶液时溶液量不超过试管容量的1/3； ②用滴管向试管内滴加液体时，应悬空滴加，不得伸入试管口； ③取块状固体要用镊子夹取放至于试管口，然后慢慢竖起试管使固体滑入试管底部；不能使固体直接坠入，以防试管底部破裂； ④加热试管时应使用试管夹，试管口不能对人；加热盛有固体的试管时，管口稍向下，加热液体时试管应倾斜约45°； ⑤注意试管受热要均匀，以免液体暴沸或试管炸裂； ⑥加热后不能骤冷，防止破裂；加热时要预热，防止试管骤热而破裂；加热时要保持试管外壁没有水珠，防止受热不均而破裂；加热后不能在试管未冷却至室温时就洗涤试管
 烧瓶	①液体与固体、液体与液体间的反应器； ②常温或加热时装配气体反应发生器； ③蒸馏或分馏液体（带支管的烧瓶又称蒸馏烧瓶）	①注入的液体应不超过烧瓶容量的2/3，也不少于其容量的1/3； ②应放在石棉网上加热，使其受热均匀；加热时，烧瓶外壁应无水滴； ③用于蒸馏或分馏时，要与胶塞、导管、冷凝器等配套使用

仪器	主要用途	注意事项
吸量管和移液管	准确量取一定体积的液体	①使用前，应用自来水冲洗后用蒸馏水荡洗其内壁 3 次，还必须用少量待吸溶液荡洗内壁 3 次，以保证吸取的溶液浓度不变； ②读数时，视线应与吸管凹液面的最低处在同一水平线上； ③排液时，将下端管口紧贴容器内壁，徐徐放出，最后在容器壁上停留 15 秒即可； ④一般以自动流出的体积为准； ⑤不能加热
容量瓶	准确配制一定物质的量浓度的溶液	①不能加热； ②不能作为反应容器； ③不能进行溶质的解溶； ④不能稀释浓溶液； ⑤不能用于长期储存溶液； ⑥向容量瓶转移溶液或加入水，用玻璃棒引流并且玻璃棒的下端要靠在刻度线以下的内壁上； ⑦加水到刻度线 1~2cm 处时要改用胶头滴管； ⑧视线与刻度线平行，当凹液面与容量瓶的刻度线恰好相切时，停止加水
滴定管和滴定管架	滴定管用于滴定操作和准确测量所放出标准溶液的体积 滴定管架用于夹持滴定管	①滴定管使用前应先检查是否漏液； ②用滴定管取液时必须先洗涤、润洗； ③读数前要将管内的气泡赶尽、尖嘴内充满液体； ④初始读数时必须先调整液面至零刻度或零刻度以下；读数时，视线、刻度、液面的凹液面最低点要在同一水平线上； ⑤碱式滴定管盛碱性溶液，酸式滴定管盛酸性溶液，两者不能混用； ⑥碱式滴定管不能盛强氧化性溶液； ⑦见光易分解的滴定液宜用棕色滴定管； ⑧酸式滴定管旋塞应用橡皮筋固定，防止其滑出跌碎
漏斗	用于过滤或倾注液体	①过滤时，漏斗柄下尖端要紧贴承接容器内壁；滤纸应紧贴事先用蒸馏水润湿的漏斗内壁且高度低于漏斗边缘； ②倾注溶液时，要用玻璃棒引流入漏斗，玻璃棒与滤纸三层处紧贴； ③漏斗内的沉淀物不得超过滤纸高度，便于过滤后洗涤沉淀； ④漏斗不能用火直接加热

仪器	主要用途	注意事项
 漏斗板	盛放漏斗	①固定漏斗板时，大孔朝上，小孔朝下； ②不要将其倒置，固定螺丝要拧紧
 分液漏斗和滴液漏斗	①滴液漏斗用于向反应体系中滴加较多的液体； ②分液漏斗用于互不相溶的液–液分离	①使用前检查是否漏水； ②旋塞应用细绳或小橡胶圈系于漏斗颈上，防止其滑出跌碎； ③用分液漏斗分液时，先打开漏斗活塞和旋塞使下层液体从分液漏斗下端放出，再关闭旋塞使上层液体从分液漏斗上口倒出
 布氏漏斗和吸滤瓶	减压过滤	①选择配套的布氏漏斗和吸滤瓶； ②抽滤时先开抽水泵；结束时先拔管子，后关电源，使之恢复常压，防止倒吸； ③不能用火直接加热
 表面皿	①盖在蒸发皿或烧杯上，以免液体溅出或灰尘落入； ②用作点滴反应器皿或气室； ③可作承载器，酸碱滴定时盛放 pH 试纸	①不能用火直接加热； ②不能当蒸发皿用
 蒸发皿	蒸发液体、浓缩液体或干燥固体物质	①可耐高温，但不能骤冷； ②液体量多时可直接用火加热蒸发；液体量少或黏稠时，要隔着石棉网加热； ③加热时，常用玻璃棒搅拌

仪器	主要用途	注意事项
 坩埚	用于灼烧固体	①灼烧时，应放在泥三角上，直接用火加热，不需用石棉网； ②取下的灼热坩埚不能直接放在桌上，而要放在石棉网上； ③灼热的坩埚不能骤冷
 泥三角	承放加热的坩埚和小蒸发皿	①灼热的泥三角不要滴上冷水，以免瓷管破裂； ②选择泥三角时，要使搁在上面的坩埚所露出的部分，不超过其自身高度的1/3
 坩埚钳	夹持坩埚和坩埚盖	①不要和化学药品接触，以免腐蚀； ②放置时，应令其头部朝上，以免沾污； ③夹取高温的坩埚时，钳尖需预热
 干燥器	①定量分析时，将灼烧过的坩埚置于其中冷却； ②存放样品，以免样品吸收水分	①使用前要检查干燥器内的干燥剂是否失效； ②干燥剂不可放得过多，以免沾污坩埚底部； ③灼烧过的物体放入干燥器前温度不能过高； ④特殊情况下，将较热的物体放入干燥器后，为防止空气受热膨胀将盖子顶翻，应用手不时把盖子稍微推开； ⑤打开干燥器时，不能向上掀盖，而应用左手按住干燥器，右手小心把盖子推开，待冷空气徐徐进入后，才能完全推开；盖子必须仰放在桌子上
 干燥管	内装干燥剂；若它与体系相连，则既能使体系与空气相通，又可阻止空气中的水气进入体系	①干燥剂置于球形部分，不宜过多； ②小管与球形交界处填充少许玻璃棉

仪器	主要用途	注意事项
 滴管	①吸取或滴加少量（数滴或1～2mL）液体； ②吸取沉淀的上层清液以分离沉淀	①先排空再吸液； ②吸取液体后，应保持胶头在上，不能倒置或平放，防止液体倒流；管尖不可接触其他物体，以免沾污试剂或腐蚀胶头； ③滴加液体时，滴管应垂直悬空，管口不能伸入受滴容器内部，以免滴管沾上其他试剂； ④若非吸取同一试剂，滴管使用后应立即洗净，再吸取其他药品；未经洗涤的滴管严禁吸取其他试剂，以防试剂相互污染
 滴瓶	盛放每次使用只需数滴的液体试剂	①见光易分解的试剂要用棕色瓶盛放； ②碱性试剂要用带橡胶塞的滴瓶盛放； ③使用时切忌滴头与瓶身"张冠李戴"； ④使用滴头时，保持垂直，避免倾斜，尤忌倒置；滴管尖不可接触其他物体，以免沾污
 称量瓶	准确称取一定量的固体样品	①不能直接加热； ②盖子和瓶子配套使用，切忌互换； ③称量瓶使用前必须洗涤干净、烘干、冷却后才能用于称量； ④称量时要用洁净、干燥、结实的纸条围在称量瓶外壁进行夹取，严禁直接用手拿取称量瓶
 铁架台	固定反应容器	①应先将铁夹等升至合适高度并旋紧螺丝，使之牢固后再进行试验； ②一般按由下而上的顺序固定仪器； ③铁夹、铁圈的方向应与铁架台底座一致，以保持平稳； ④使用时应避免其与酸、碱溶液接触，以防腐蚀；如有不慎，应及时冲洗擦净

续 表

仪器	主要用途	注意事项
石棉网	加热玻璃反应容器时垫在容器底部，可使加热均匀	不要与水接触，以免铁丝锈蚀，石棉脱落
研钵	研磨固体	①不能作反应容器； ②不能进行加热； ③只能研磨，不能敲击(铁研钵除外)； ④研钵中盛放固体的量不能超过其容积的1/3
洗瓶	盛放蒸馏水或去离子水以洗涤沉淀和容器	①不能加热； ②不能盛放酸、碱溶液
三脚架	放置较大或较重的加热容器	避免接触酸、碱溶液，以免腐蚀
比色管	目视比色	①不能用试管刷刷洗，以免刮坏内壁；脏的比色管可用铬酸洗液浸泡； ②比色时比色管应放在特制的、下面垫有白瓷板或镜子的架子上

二、有机化学实验的基本仪器

(一)常用的玻璃仪器

1. 烧瓶的种类及特点

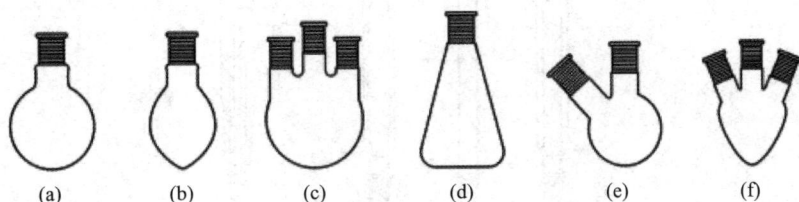

图 1 - 1　烧瓶

(a)圆底烧瓶　(b)梨形烧瓶　(c)三口烧瓶　(d)锥形烧瓶　(e)二口烧瓶　(f)梨形三口烧瓶

(1)圆底烧瓶：耐热并能承受反应物(或溶液)沸腾后所产生的冲击震动。圆底烧瓶在有机化合物的合成和蒸馏实验中最常使用，也常用作减压蒸馏的接收器。常用的圆底烧瓶的容量为 1000mL、500mL、250mL、100mL、50mL、10mL、5mL。

(2)梨形烧瓶：性能和用途与圆底烧瓶相似。它的特点是在合成少量有机化合物时可在烧瓶内保持较高的液面，且蒸馏时残留在烧瓶中的液体量少。常用的梨形烧瓶的容量为 100mL、50mL。

(3)三口烧瓶：最常用于需要进行搅拌的实验。中间瓶口装搅拌器，两个侧口装回流冷凝管和滴液漏斗或温度计等。常用的三口烧瓶的容量为 1000mL、500mL、250mL、100mL、50mL。

(4)锥形烧瓶(简称锥形瓶)：常用于有机溶剂进行重结晶的操作，或有固体产物生成的合成实验中，因为生成的固体物容易从锥形烧瓶中取出。通常也用作常压蒸馏实验的接收器，但不能用作减压蒸馏实验的接收器。常用的锥形瓶的容量为 500mL、250mL、100mL、50mL、25mL、10mL。

(5)二口烧瓶：常作为反应瓶用于半微量、微量制备实验。中间瓶口接回流冷凝管、微型蒸馏头、微型分馏头等，侧口接温度计、加料管等。常用的二口烧瓶的容量为 50mL、10mL。

(6)梨形三口烧瓶：用途似三口烧瓶，主要用于半微量、小量制备实验中，作为反应瓶。常用的梨形三口烧瓶的容量为 50mL、25mL。

2. 冷凝管的种类及特点

(1)直形冷凝管：蒸馏物质的沸点在 140℃ 以下时，要在夹套内通水冷却；若超过 140℃ 时，冷凝管往往会在内管和外管的连接处炸裂。微量合成实验中，用于组成加热回流装置。

(2)空气冷凝管：当蒸馏物质的沸点高于 140℃ 时，常用其代替通冷却水的直形冷凝管。

(3)球形冷凝管：其内管的冷却面积较大，对蒸气的冷凝有较好的效果，适用于加热回流的实验。常用的冷凝管的长度为 300mm、200mm、120mm、100mm。

（4）冷凝指：微量液体的减压蒸馏、固体升华常将其当作冷凝管用。

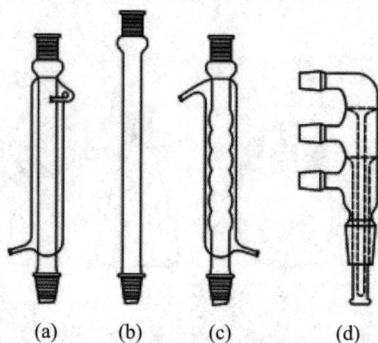

图 1 - 2　冷凝管和冷凝指

（a）直形冷凝管　（b）空气冷凝管　（c）球形冷凝管　（d）冷凝指

3. 其他仪器

这些仪器多数用作各种仪器的连接装置。

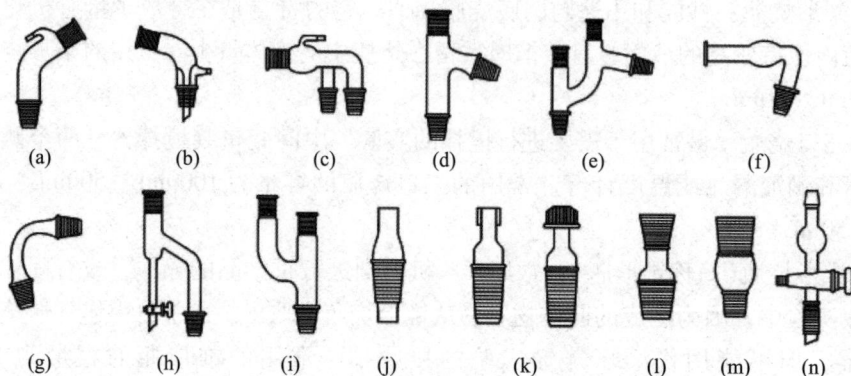

图 1 - 3　常用配件

（a）接引管　（b）真空接引管　（c）双头接引管　（d）蒸馏头　（e）克氏蒸馏头　（f）弯形干燥管　（g）75°弯管
（h）分水器　（i）二口连接管　（j）搅拌套管　（k）螺口接头　（l）大小接头　（m）小大接头　（n）二通旋塞

（二）常用装置的安装使用

1. 回流冷凝装置

在室温下，有些反应速率很小或难于进行。为了使反应尽快地进行，常常需要使反应物质较长时间保持沸腾。在这种情况下，就需要使用回流冷凝装置，使蒸气不断地在冷凝管内冷凝而返回反应器中，以防止反应瓶中的物质逃逸损失。图 1 - 4（a）是最简单的回流冷凝装置。将反应物质放在圆底烧瓶中，在适当的热源上或热浴中加热。直立的冷凝管夹套中自下而上通入冷水，使夹套内充满水。水流速度不必过快，能保持蒸气充分冷凝即可。加热的程度也需控制，使蒸气上升的高度不超过冷凝管的 1/3。

如果反应物怕受潮，可在冷凝管上口上接氯化钙干燥管来防止空气中湿气侵入，见图 1-4(b)。如果反应中会放出有害气体(如溴化氢),可加接气体吸收装置,见图 1-4(c)。

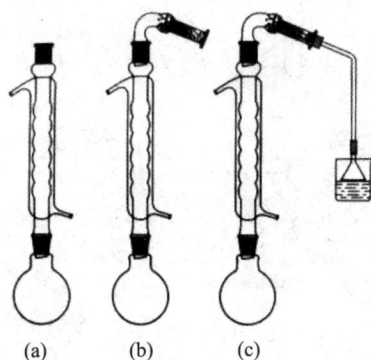

图 1-4　回流冷凝装置

2. 蒸馏装置

蒸馏装置由蒸馏瓶、温度计、冷凝管、接液管和接收瓶组成(图 1-5)。安装仪器前,首先要根据蒸馏物的量,选择大小合适的蒸馏瓶。蒸馏物的体积,一般不要超过蒸馏瓶容积的 2/3,也不应少于 1/3。安装仪器的顺序一般都是自下而上,从左至右。无论从正面或侧面观察,全套仪器的轴线都要在同一平面上。注意调整温度计的位置,务必使水银球在蒸馏时能完全被蒸气所包围,这样才能准确地测量蒸气的温度。通常水银球的上端应恰好位于蒸馏头支管的底边所在的水平线上。

蒸馏装置的装配及操作:

(1)加料:将待蒸馏液通过玻璃漏斗小心倒入蒸馏瓶中,注意不要使液体从支管流出,然后加入几粒沸石,塞好带温度计的塞子。

(2)加热:用水冷凝管时,先打开冷凝水龙头缓缓通入冷水,然后开始加热。加热时可见蒸馏瓶中液体逐渐沸腾,蒸气逐渐上升,温度计读数也略有上升。当蒸气的顶端达到水银球部时,温度计读数急剧上升。这时应适当调整热源温度,使升温速度稍减慢,蒸气顶端停留在原处,使瓶颈上部和温度计受热,让水银球上液滴和蒸气温度达到平衡。然后再稍稍提高热源温度,进行蒸馏(控制加热温度以调整蒸馏速度,通常以每秒 1~2 滴为宜)。在整个蒸馏过程中,应使温度计水银球上常有被冷凝的液滴。此时的温度即为液体与蒸气平衡时的温度,温度计的读数即液体(馏出液)的沸点。若热源温度太高,使蒸气成为过热蒸气,则使温度计所显示的沸点偏高;若热源温度太低,馏出物蒸气不能充分浸润温度计水银球,则使温度计所显示的沸点偏低或不规则。

(3)观察沸点及收集馏液:进行蒸馏前,至少要准备两个接收瓶,其中一个接收前馏分(或称馏头),另一个(需称重)用于接收预期所需馏分(并记下该馏分的沸程,即该馏分的第一滴和最后一滴时温度计的读数)。

一般液体中或多或少含有高沸点杂质,在所需馏分蒸出后,若继续升温,温度计读数会显著升高;若维持原来的温度,就不会再有馏液蒸出,温度计读数则会突然下降。此时应停止蒸馏,即使杂质很少,也不要蒸干,以免蒸馏瓶破裂或发生其他事故。

（4）拆除蒸馏装置：蒸馏完毕，应先撤去热源（拔下电源插头，再移走热源），然后停止通水，最后拆除蒸馏装置（与安装顺序相反）。

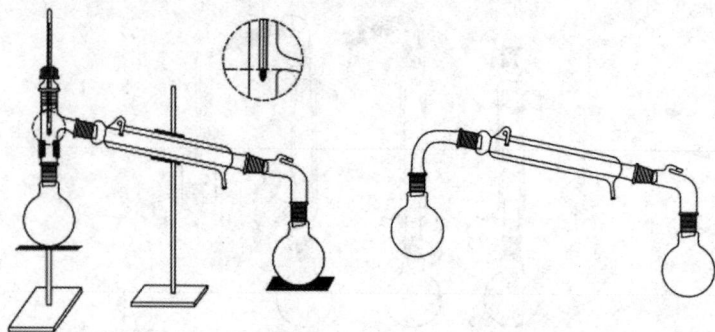

图 1 - 5　蒸馏装置

3. 油水分离器装置

在进行某些可逆平衡反应时，为了使正向反应进行到底，可将反应产物之一不断从反应混合物体系中除去，通常采用油水分离器装置除去生成的水。在图 1 - 6(a)和图 1 - 6(b)的装置中，有一个分水器，回流下来的蒸气冷凝液进入分水器，分层后，有机层自动被送回烧瓶，而生成的水可从分水器中放出去。

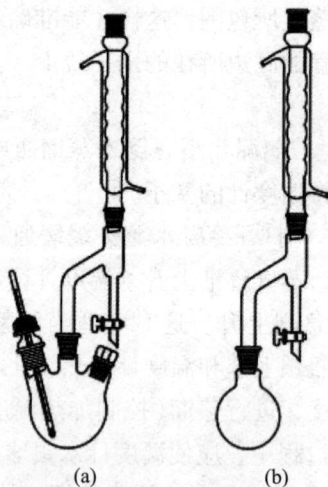

(a)　　　　　　(b)

图 1 - 6　油水分离器装置

4. 水蒸气蒸馏装置

水蒸气蒸馏操作是将水蒸气通入不溶或难溶于水但有一定挥发性的有机物质（近100℃时其蒸气压至少为1333.2Pa）中，使该有机物质在低于100℃的温度下，随着水蒸气一起蒸馏出来。

两种互不相溶的液体混合物的蒸气压，等于两种液体单独存在时的蒸气压之和。当组成混合物的两种液体的蒸气压之和等于大气压力时，混合物就开始沸腾。互不相溶的液体混合物的沸点，要比每一物质单独存在时的沸点低。因此，在不溶于水的有机物中通入水蒸气进行水蒸气蒸馏时，在较该物质的沸点低的温度，甚至低于100℃时就可使该物质蒸馏出来。

当有机物与水共热时，整个系统的蒸气压根据分压定律，应为各组分蒸气压之和：

$$P = P_{H_2O} + P_A$$

这两种物质在馏液中的相对质量(即其在蒸气中的相对质量)与它们的蒸气压和相对分子质量成正比：

$$\frac{m_A}{m_{H_2O}} = \frac{M_A \times P_A}{M_{H_2O} \times P_{H_2O}}$$

水蒸气蒸馏是用以分离和提纯有机化合物的重要方法之一，常用于以下情况：

(1)混合物中含有大量的固体，常用的蒸馏、过滤、萃取等方法都不适用。

(2)混合物中含有焦油状物质，采用通常的蒸馏、萃取等方法非常困难。

(3)在常压下蒸馏会发生分解的高沸点有机物。

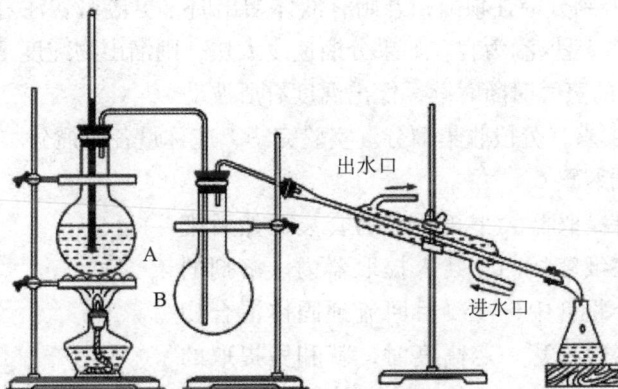

图1-7 水蒸气蒸馏装置

5. 分馏装置

利用分馏柱(图1-8、图1-9)进行分馏，实际上就是在分馏柱内使混合物进行多次气化和冷凝。当上升的蒸气与下降的冷凝液互相接触时，上升的蒸气部分冷凝放出热

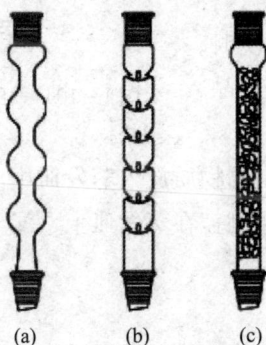

图1-8 分馏柱图   图1-9 分馏装置

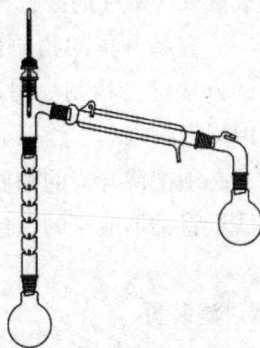

(a)球形分馏柱 (b)维氏分馏柱 (c)赫姆帕分馏柱

量使下降的冷凝液部分气化，两者之间发生热量交换。其结果导致上升蒸气中易挥发的组分增加，而下降的冷凝液中高沸点组分增加。如果重复多次，就等于进行了多次的气液平衡，即达到了多次蒸馏的效果。因此，则靠近分馏柱顶部的易挥发物质组分的比例高，而在烧瓶里高沸点组分的比例高。当分馏柱的效率足够高时，开始从分馏柱顶部出来的几乎是纯净的易挥发组分，而最后在烧瓶里残留的则几乎是纯净的高沸点组分。

操作时应注意以下几点：

(1)应根据待分馏液体的沸点范围，选用合适的热浴加热，不要在石棉铁丝网上用火直接加热。应用小火加热热浴，以便使浴温缓慢而均匀地上升。

(2)待液体开始沸腾，蒸气进入分馏柱中时，要注意调节浴温，使蒸气环缓慢而均匀地沿分馏柱壁上升。若由于室温低或液体沸点较高，为减少柱内热量的散失，宜将分馏柱用石棉绳和玻璃布等包裹起来。

(3)当蒸气上升到分馏柱顶部，开始有液体馏出时，更应密切注意调节浴温，控制馏出液的速度以 2~3 秒/滴为宜。如果分馏速度太快，则馏出物纯度下降；但若分馏速度太慢，以致上升的蒸气时断时续，馏出温度有所波动。

(4)根据实验要求，分段收集馏分。实验完毕，应称量各段馏分。

6. 索氏提取器装置

将滤纸做成与提取器大小相适应的套袋，然后把固体混合物放置在纸套袋内，装入提取器内。溶剂的蒸气从烧瓶进入冷凝管中，冷凝后回流到固体混合物中。溶剂在提取器内到达一定高度时，就和所提取的物质一同从侧面的虹吸管流入烧瓶中。溶剂就这样在仪器内循环流动，把所要提取的物质集中到下面的烧瓶里的。

7. 升华装置

固体物质具有较高的蒸气压时，往往不经过熔融状态就直接变成蒸气，蒸气遇冷，再直接变成固体，这种过程叫作升华。容易升华的物质含有不挥发性杂质时，可以用升华的方法进行精制。用这种方法制得的产品，纯度较高，但损失较大。

图 1-10 索氏提取器装置

升华前，必须把待升华的物质干燥，待精制的物质放入蒸发皿中。用一张穿有若干小孔的圆滤纸将锥形漏斗的口包起来，把此漏斗倒盖在蒸发皿上，漏斗颈部塞一团疏松的棉花。

8. 减压过滤装置

减压过滤通常使用瓷质的布氏漏斗，漏斗配以橡皮塞，装在玻璃吸滤瓶上。在成套供应的玻璃仪器中，漏斗与吸滤瓶间的连接靠磨口连接的。滤纸应剪成比漏斗内径略小，但要能完全盖住所有的小孔。不要让滤纸的边缘翘起，以保证抽滤时密封。

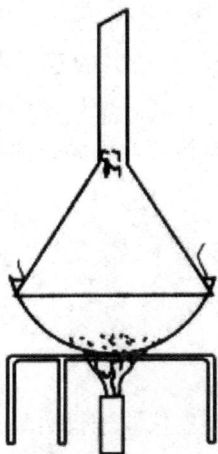

图 1 – 11　常压升华装置　　　　图 1 – 12　减压过滤装置

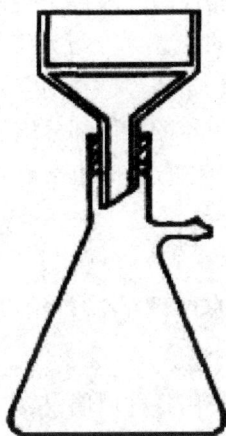

(三)磨口玻璃仪器使用的注意事项

标准接口玻璃仪器是具有标准化磨口或磨塞的玻璃仪器。仪器口塞尺寸标准化、系统化、磨砂密合。凡属同类规格接口，均可任意连接、组装成各种配套仪器。规格不同的部件无法直接组装时，可用转换接头连接。

使用标准接口的玻璃仪器，既可免去配塞子的麻烦，又能避免反应物或产物被塞子污染。若口塞磨砂性能良好，密合性可达较高真空度，对蒸馏尤其是减压蒸馏有利，对于毒物或挥发性液体的实验较为安全。

标准接口的玻璃仪器，均按国际通用的技术标准制造。仪器的每个部件在其口塞上下的显著部位标有烤印的白色标志，表明规格。常用的规格有 10、12、14、16、19、24、29、34、40 等。有时标准接口的玻璃仪器上会有两个数字，如 10/30，其中 10 表示磨口大端的直径为 10mm，30 表示磨口的高度为 30mm。

使用标准接口玻璃仪器的注意事项：①标准口塞应经常保持清洁，使用前宜用软布揩拭干净，但不能附上棉絮。②使用前在磨砂口塞表面涂以少量真空油脂或凡士林，以增强磨砂接口的密合性，避免磨面的相互磨损，同时也便于接口的装拆。③装配时，把磨口和磨塞轻微对旋连接，不宜用力过猛。④不能装得太紧，只要达到润滑密闭要求即可。⑤用后应立即拆卸洗净，否则对接处会粘连，以致拆卸困难。⑥装拆时应注意相对的角度，不能在角度偏差时进行硬性装拆，否则极易造成破损。⑦磨口套管和磨塞应该是由同种玻璃制成的，迫不得已时才用膨胀系数较大的磨口套管。

(四)仪器的装配

仪器装配得正确与否，对于实验的成败有很大关系。首先，在装配一套装置时，所选用的玻璃仪器和配件都要干净，否则往往会影响产物的产量和质量。其次，所选用的器材要恰当。例如，在需要加热的实验中，需选用圆底烧瓶时，应选用质量好的，其容积大小，应为所盛反应物占其容积的 1/2 左右为宜，最多也应不超过 2/3。第三，装配时应首先选好主要仪器的位置，并按照一定的顺序逐个装配起来，先下后上，从左至右。在拆卸时，按相反的顺序逐个拆卸。仪器装配要求做到严密、正确、整齐和稳妥。在常压下进行反应的装置，应与大气相通，不能密闭。铁夹的双钳内侧贴有橡皮、绒布，或缠上石棉绳、布条等，否则容易将仪器损坏。总之，使用玻璃仪器时，最基本的原则是切忌对玻璃仪器的任何部分施加过度的压力或扭曲。因为扭曲的玻璃仪器在加热时会破裂，有时甚至在放置时也会崩裂。

三、化学实验的基本操作技术

(一)常用玻璃仪器的洗涤和保养

1. 玻璃仪器的洗涤

化学实验经常使用各种玻璃仪器，用不洁净的玻璃仪器进行实验，往往得不到准确的结果，所以应该保证所使用的玻璃仪器是洁净的。洗涤玻璃仪器的方法很多，应当根据实验要求、污物的性质和仪器性能来选用。一般说来，附在仪器上的污物有可溶性物质，也有尘土和其他不溶性物质，还有油污和某些化学物质。针对具体情况，可分别采用下列方法洗涤。

(1)用水刷洗：用毛刷刷洗仪器，既可以洗去可溶性物质，又可以使附着在仪器上的尘土和其他不溶性物质脱落。应根据仪器的大小和形状选用合适的毛刷，注意避免毛刷的铁丝触破或损伤仪器。

(2)用去污粉或合成洗涤剂刷洗：由于去污粉中含有碱性物质碳酸钠，它和洗涤剂都能除去仪器上的油污。用水刷洗不净的污物，可用去污粉、洗涤剂或其他药剂洗涤。先把仪器用水湿润(留在仪器中的水不能多)，再用湿毛刷沾少许去污粉或洗涤剂进行刷洗。最后，用自来水冲洗，除去附着在仪器上的去污粉或洗涤剂。

(3)用浓硫酸-重铬酸钾洗液清洗：在进行精确的定量实验时，对仪器的洁净程度要求更高。若所用仪器容积精确、形状特殊，不能用刷子刷洗，可用铬酸洗液清洗。这种洗液具有很强的氧化性和去污能力。

用洗液洗涤仪器时向仪器内加入少量洗液(用量约为仪器总容量的1/5)，将仪器倾斜并慢慢转动，使仪器内壁全部为洗液润湿。再转动仪器，使洗液在仪器内壁流动，洗液流动几圈后，将洗液倒回原瓶。最后，用水把仪器冲洗干净。如果用洗液浸泡仪器一段时间，或者使用热的洗液，则洗涤效果更好。

洗液有很强的腐蚀性，要注意安全，小心使用。洗液可反复使用，直到它变成绿色(重铬酸钾被还原成硫酸铬的颜色)，就失去了去污能力，不能继续使用。

能用别的洗涤方法洗干净的仪器，就不要用铬酸洗液清洗，因为它具有毒性。使用洗液后，先用少量水清洗残留在仪器上的洗液。洗涤水不要倒入下水道，应集中统一处理。

(4)特殊污物的去除：根据附着在仪器壁上污物的性质、附着情况，采用适当的方法或选用能与其作用的药品处理。例如，附着仪器壁上的污物是氧化剂(如二氧化锰)，就用浓盐酸等还原性物质除去；若附着的是银，就可用硝酸处理；如要清除活塞内孔的凡士林，可用韧铜丝将凡士林捅出后，再用少量有机溶剂(如 CCl_4)浸泡。

用以上各种方法洗净的仪器，经自来水冲洗后，往往会残留自来水中的 Ca^{2+}、Mg^{2+}、Cl^- 等离子。如果实验不允许这些杂质存在，则应该再用蒸馏水（或去离子水）冲洗仪器 2~3 次。洗涤时应遵守少量（每次用蒸馏水量要少）、多次（进行多次洗涤）的原则，可用洗瓶使蒸馏水成一股细小的水流，均匀地喷射到器壁上，然后将水倒掉，如此重复几次。这样，既可提高洗涤效率又节约蒸馏水。

如果仪器已经洗净，水能顺着仪器壁流下，仪器壁上只留一层均匀的水膜，无水珠附着面。已经洗净的仪器，不能用布或纸擦拭内壁，以免布或纸的纤维留在仪器壁上沾污仪器。

2. 玻璃仪器的干燥

有机化学实验往往要使用干燥的玻璃仪器，因此要养成在每次实验后马上将玻璃仪器洗净和倒置使之干燥的习惯。干燥玻璃仪器的方法有下列几种：

（1）晾干：干燥程度要求不高又不着急使用的仪器，可倒置在干净的仪器架或实验柜内，使其自然晾干。倒放还可以避免灰尘落入，但必须注意放稳仪器。

（2）吹干：急需干燥的仪器，可使用吹风机或"玻璃仪器气流烘干器"等吹干。使用时，一般先用热风吹玻璃仪器的内壁，干燥后再吹冷风使仪器冷却。

如果先加少许易挥发又易与水混溶的有机溶剂（常用的有乙醇、丙酮）到仪器里，倾斜并转动仪器，使仪器壁上的水与有机溶剂混溶，然后再将其倒出再吹风，则干得更快。

（3）烤干：有些构造简单、厚度均匀的小件硬质玻璃器皿，可以用小火烤干，以供急用。

烧杯和蒸发皿可以放在石棉网上用小火烤干。试管可以直接用小火烤干。用试管夹夹住靠近试管口的一端，试管口略向下倾斜，以防水蒸气凝聚后倒流使灼热的试管炸裂。烘烤时，先从试管底部开始，逐渐移向管口，并注意来回移动试管，防止局部过热。烤至不见水珠后，再将试管口朝上，以便将水气烘干净。烤热的试管在石棉网上放冷后才能使用。

（4）烘干：能经受较高温度烘烤的仪器可以放在电热干燥箱或红外干燥箱（简称烘箱）内烘干。如果要求干燥程度较高或需干燥的仪器数量较多，使用烘箱就很方便。

烘箱带有自动控温装置，若用于烘干仪器上的水分，应将温度控制在 105~110℃。先将洗净的仪器尽量沥干，放在托盘里，然后将托盘放在烘箱的隔板上。一般烘 1 小时左右，就可达到干燥的目的，需等温度降到 50℃ 以下时，才可取出仪器。

注意：带有刻度的计量仪器不能用加热的方法进行干燥，因为热胀冷缩会影响其精密度。

（二）加热与冷却

1. 热源种类

实验室常用的热源有煤气、酒精和电能。为了加速有机反应，往往需要加热，从加热方式来看有直接加热和间接加热两种。在有机实验室里一般不用直接加热，例如用电热板加热圆底烧瓶，会因受热不均而导致局部过热，甚至破裂，所以在实验室安全规则中规定禁止用明火直接加热易燃的溶剂。为了保证加热均匀，一般使用热浴间接加热。作为传热的介质有空气、水、有机液体、熔融的盐和金属。根据加热温度、升温速度等的需要，常采用下列加热方法：

(1)空气浴：是利用热空气间接加热，对于沸点在80℃以上的液体可采用。把容器放在石棉网上加热，就是最简单的空气浴，但是因受热仍不均匀，故不能用于回流低沸点、易燃的液体或者减压蒸馏。

半球形的电热套是比较好的空气浴，因为电热套中的电热丝是被玻璃纤维包裹着的，比较安全，一般可加热至400℃。电热套主要用于回流加热，蒸馏或减压蒸馏不宜使用，因为在蒸馏过程中随着容器内物质逐渐减少，会使容器壁过热。电热套有各种规格，取用时要与容器的大小相适应。为了便于控制温度，要连接调压变压器。

(2)水浴：当加热的温度不超过100℃时，最好使用水浴加热。水浴为较常用的热浴方法。必须强调，当用于钾和钠的操作时，决不能在水浴上进行。使用水浴时，勿使容器触及水浴器壁或底部。如果加热温度需要稍高于100℃，则可选用适当的无机盐类的饱和水溶液作为热溶液，具体见表1-2。

表1-2 常用无机盐饱和水溶液沸点

盐类	饱和水溶液的沸点(℃)
NaCl	109
$MgSO_4$	108
KNO_3	116
$CaCl_2$	180

由于水浴锅中的水不断蒸发，故应适当添加热水，使水浴锅中水面始终保持在稍高于容器内液面的高度。总之，使用液体热浴时，热浴的液面应略高于容器中的液面。

(3)油浴：适用于加热温度在100~250℃的实验，优点是使反应物受热均匀。反应物的温度一般低于油浴液20℃左右。常用的油浴液有：①甘油：可以加热到140~150℃，温度过高时则会分解。②植物油：如菜油、蓖麻油和花生油等可以加热到220℃，常加入1%对苯二酚等抗氧化剂，便于久用，温度过高时则会分解，达到闪点时可能燃烧起来，所以使用时要小心。③石蜡：能加热到200℃左右，冷却到室温时则凝成固体，保存方便。④液体石蜡：可以加热到200℃左右，温度稍高并不分解，但较易燃烧。

用油浴加热时，要特别小心，防止着火。当油受热冒烟时，应立即停止加热。油浴中应挂一支温度计，可以观察油浴的温度和有无过热现象，便于调节火焰，控制温度。油量不能过多，否则受热后有溢出而引起火灾的危险。使用油浴时，要尽力防止产生可能引起油浴燃烧的因素。加热完毕取出反应容器时，需用铁夹夹住反应容器使其离开液面悬置片刻，待容器壁上附着的油滴完后，用纸和干布揩干即可。

(4)酸液：常用酸液为浓硫酸，可加热至250~270℃。若加热至300℃左右时则分解，生成白烟；若酚加硫酸钾，则加热温度可升到350℃左右。

（5）砂浴：一般是用铁盆装干燥的细海砂（或河砂），然后将反应容器半埋入砂中加热。加热沸点在80℃以上的液体时可以采用砂浴，特别适用于加热温度在220℃以上者，但砂浴的缺点是传热慢、温度上升慢，且不易控制，因此砂层要薄一些。砂浴中应插入温度计，但温度计水银球要靠近反应器。

（6）金属浴：选用适当的低熔合金，可加热至350℃左右，一般不超过350℃，否则合金会迅速氧化。

2. 冷却与冷却剂

在有机实验中，有时须采用一定的冷却剂进行冷却操作，如在的低温条件下进行反应、分离提纯等。

（1）某些反应要在特定的低温条件下进行才利于有机物的生成，如重氮化反应一般在0～5℃进行。

（2）沸点很低的有机物，冷却时可减少损失。

（3）要加速结晶的析出。

（4）高度真空蒸馏装置（一般有机实验很少运用）。

根据不同的要求，选用适当的冷却剂冷却，最简单的是用水和碎冰的混合物，可冷却至0～5℃，其较单纯用冰块有更大的冷却效能，因为冰水混合物可与容器的器壁充分接触。若在碎冰中酚加适量的盐类，则得冰盐混合冷却剂的温度可在0℃以下。例如，常用的食盐与碎冰的混合物（33∶100），其温度可由−1℃降至−21.3℃，但在实际操作中温度为−5～−18℃。冰盐浴不宜用大块的冰，而且要按上述比例将食盐均匀地撒在碎冰上效果才好。除上述冰浴或水盐浴外，还可用某些盐类溶于水吸热作为冷却剂使用，见表1−3、表1−4。

表1−3　用两种盐及水（冰）组成的冷却剂

盐类及其用量				温度（℃）	
				始温	冷冻
每100g 水					
NH_4Cl	31	KNO_3	20	+20	−7.2
NH_4Cl	24	$NaNO_3$	53	+20	−5.8
NH_4NO_3	79	$NaNO_3$	61	+20	−14
每100g 冰					
NH_4Cl	26	KNO_3	13.5	+20	−17.9
NH_4Cl	20	$NaCl$	40	+20	−30.0
NH_4Cl	13	$NaNO_3$	37.5	+20	−30.1
NH_4NO_3	42	$NaCl$	42	+20	−40.0

表1-4　用一种盐及水(冰)组成的冷却剂

盐类及其用量		温度(℃)	
		始温	冷冻
每100g 水			
KCl	30	+13.6	+0.6
$CH_3COONa \cdot 3H_2O$	95	+10.7	-4.7
NH_4Cl	30	+13.3	-5.1
$NaNO_3$	75	+13.2	-5.3
NH_4NO_3	60	+13.6	-13.6
$CaCl_2 \cdot 6H_2O$	167	+10.0	-15.0
每100g 冰			
NH_4Cl	25	-1	-15.4
KCl	30	-1	-11.1
NH_4NO_3	45	-1	-16.7
$NaNO_3$	50	-1	-17.7
NaCl	33	-1	-21.3
$CaCl_2 \cdot 6H_2O$	204	0	-19.7

(三)干燥与干燥剂

有机物干燥的方法大致有物理方法(不加干燥剂)和化学方法(加入干燥剂)两种。

物理方法如吸收、分馏等,近来常应用分子筛脱水。实验室中常用化学干燥法,其特点是在有机液体中加入干燥剂,使干燥剂与水起化学反应(例如:$Na + H_2O \rightarrow NaOH + H_2\uparrow$)或同水结合生成水化物,从而除去有机液中所含的水分,达到干燥的目的。用这种方法干燥时,有机液中所含的水分不能过多(一般在百分之几以下),否则必须使用大量的干燥剂,同时有机液也会被干燥剂带走而造成较大损失。

1. 液体的干燥

(1)常用的干燥剂:常用干燥剂的种类很多,选用时必须注意以下几点:①干燥剂与有机物应不发生任何化学变化,对有机物亦无催化作用;②干燥剂应不溶于有机液体;③干燥剂的干燥速度快,吸水量大,价格便宜。

1)无水氯化钙:价廉、吸水能力强,是最常用的干燥剂之一,与水化合可生成一、二、四或六水化合物(30℃以下)。它只适于烃类、卤代烃、醚类等有机物的干燥,不适于醇类、胺类和某些醛、酮、酯类有机物的干燥,因为能与其形成络合物。也不宜用作酸(或酸性液体)的干燥剂。

2)无水硫酸镁:是中性盐,不与有机物和酸性物质起作用,可作为各类有机物的干燥剂,与水结合生成 $MgSO_4 \cdot 7H_2O$(48℃以下)。无水硫酸镁价较廉、吸水量大,故可用于不能用无水氯化钙干燥的化合物。

3)无水硫酸钠:其用途和无水硫酸镁相似、价廉,但吸水能力和吸水速度稍差一些，可与水结合生成 $NaSO_4 \cdot 10H_2O$（37℃以下）。当有机物水分较多时，常先用本品处理后再用其他干燥剂处理。

4）无水碳酸钾：吸水能力一般，与水结合生成 $K_2CO_3 \cdot 2H_2O$。其作用慢，可用干燥醇类、酯类、酮类、腈类等中性有机物和生物碱等一般的碱性物质，但不适用于干燥酸、酚或其他酸性物质。

5）金属钠：醚类、烷烃等有机物用无水氯化钙或无水硫酸镁等处理后，若仍含有微量的水分，可加入金属钠（切成薄片或压成丝）除去。金属钠不宜用作醇类、酯类、酸类、卤代烃、醛类、酮类及某些胺类等能与碱起反应或易被还原的有机物的干燥剂。

各类有机物的常用干燥剂见表 1-5。

表 1-5 各类有机物的常用干燥剂

液态有机化合物	干燥剂
醚类、烷烃、芳烃	$CaCl_2$、Na、P_2O_5
醇类	K_2CO_3、$MgSO_4$、Na_2SO_4、CaO
醛类	$MgSO_4$、Na_2SO_4
酮类	$MgSO_4$、Na_2SO_4、K_2CO_3
酸类	$MgSO_4$、Na_2SO_4
酯类	$MgSO_4$、Na_2SO_4、K_2CO_3
卤代烃	$CaCl_2$、$MgSO_4$、Na_2SO_4、P_2O_5
有机碱类（胺类）	$NaOH$、KOH

（2）液态有机化合物的干燥：液态有机化合物的干燥操作一般在干燥的三角烧瓶内进行。把按照条件选定的干燥剂投入液体中，塞紧（用金属钠作干燥剂时例外，此时塞中应插入一个无水氯化钙管，使氢气放空而水气不致进入），振荡片刻，静置，使所有的水分全被吸去。如果水分太多，或干燥剂用量太少，致使部分干燥剂溶解于水时，可将干燥剂滤出，用吸管吸出水层，再加入新的干燥剂，放置一定时间，将液体与干燥剂分离，进行蒸馏精制。

2. 固体的干燥

重结晶得到的固体常带水分或有机溶剂，应根据化合物的性质选择适当的方法进行干燥。

（1）自然晾干：这是最简便、最经济的干燥方法。将要干燥的化合物先在滤纸上压平，然后在一张滤纸上薄薄地摊开，再用另一张滤纸覆盖后，在空气中慢慢地晾干。

（2）加热干燥：对于热稳定的固体可以放在烘箱内烘干。加热的温度切忌超过该固体的熔点，以免固体变色或分解。如需要可在真空、恒温干燥箱中干燥。

（3）红外线干燥：特点是穿透性强，干燥快。

（4）干燥器干燥：对易吸湿或在较高温度干燥时会分解或变色的固体可用干燥器干燥。干燥器有普通干燥器和真空干燥器两种。

（四）化学试剂的存放及量取

1. 试剂规格

根据国家标准（GB），化学试剂按其纯度和杂质含量的高低可分为 4 种等级。其级别代号、规格标志及适用范围见表 1-6。

表 1-6　化学试剂的级别

级别	一级	二级	三级	四级	
名称	保证试剂优级纯	分析试剂分析纯	化学纯	实验试剂	生物试剂
英文缩写	GR	AR	CP	LR	BR
瓶签颜色	绿色	红色	蓝色	棕色或黄色	黄色或其他颜色

一级（优级纯）试剂，杂质含量最低，纯度最高，适用于精密的分析及研究工作。二级（分析纯）及三级（化学纯）试剂，适用于一般的分析研究及教学实验工作。四级（实验试剂）试剂，杂质含量较高，纯度较低，只能用于一般性的化学实验及教学工作，如在分析工作中作为用辅助试剂（如发生或吸收气体、配制洗液等）使用。

除上述四种级别的试剂外，还有适合某一方面需要的特殊规格试剂，如基准试剂，其纯度相当于或高于保证试剂，是容量分析中用于标定标准溶液的基准物质，一般可直接得到滴定液，不需标定。生化试剂用于各种生物化学实验。此外，还有高纯试剂，其又细分为高纯、超纯、光谱纯试剂等，还有工业生产中大量使用的化学工业品（分为一级品、二级品）以及可供食用的食品级产品等。各种级别的试剂及工业品因纯度不同价格相差很大，所以使用时在满足实验要求的前提下，应考虑节约的原则，尽量选用较低级别的试剂。

2. 试剂的存放

实验室中化学试剂的贮存是一项十分重要的工作。一般化学试剂应贮存在通风良好、干净和干燥的房间，要远离火源，并要注意防止水分、灰尘和其他物质的污染。同时，还要根据试剂的性质及方便取用的原则来存放试剂。固体试剂一般存放在易于取用的广口瓶内，液体试剂则存放在细口瓶中。一些用量小而使用频繁的试剂，如指示剂、定性分析试剂等可盛装在滴瓶中。见光易分解的试剂（如 $AgNO_3$、$KMnO_4$、饱和氯水等）应装在棕色瓶中。H_2O_2 虽然也是见光易分解的物质，但不能盛放在棕色的玻璃瓶中，因棕色玻璃中含有催化分解 H_2O_2 的重金属氧化物，故通常将 H_2O_2 存放于不透明的塑料瓶中，置于阴暗处存放。试剂瓶的瓶盖一般都是磨口的，密封性好，可使长时间保存的试剂不变质，但盛强碱性试剂（如 NaOH、KOH）及 Na_2SiO_3 溶液的瓶塞应换成橡皮塞，以免长期放置互相粘连。易腐蚀玻璃的试剂（如氟化物等）应保存于塑料瓶中。

特种试剂应采取特殊贮存方法，如易受热分解的试剂，必须存放在冰箱中；易吸湿或易氧化的试剂则应贮存于干燥器中；金属钠浸在煤油中贮存；白磷要浸在水中贮存等；吸水性强的试剂如无水碳酸盐、苛性钠、过氧化钠等应严格用蜡密封。

对于易燃、易爆、强腐蚀性、强氧化性及有剧毒的试剂存放时应特别注意，一般需要分类单独存放。强氧化剂要与易燃物、可燃物分开隔离存放；低沸点的易燃液体要放在阴凉通风处，并与其他可燃物和易产生火花的物品隔离放置，更要远离火源。闪点在 $-4℃$ 以下的液体(如石油醚、苯、丙酮、乙醚等)理想的存放温度为 $-4\sim4℃$；闪点在 $25℃$ 以下的液体(如甲苯、乙醇、吡啶等)的存放温度不得超过 $30℃$。

盛装试剂的试剂瓶都应贴上标签，并写明试剂的名称、纯度、浓度和配制日期，标签外应涂蜡或用透明胶带等保护。

3. 试剂的取用方法

(1)试剂取用的一般原则：既要质量准确又必须保证试剂的纯度(不受污染)。

①取用试剂首先应看清标签，不能取错。取用时，将瓶塞反放在实验台上。若瓶塞顶端不是平的，可放在洁净的表面皿上。

②不能用手和不洁净的工具接触试剂。瓶塞、药匙、滴管都不得相互串用。

③应根据用量取用试剂。取出的多余试剂不得倒回原瓶，以防沾污整瓶试剂。对确认可以再用的(或另作他用的)试剂要另用清洁容器回收。

④每次取用试剂后都应立即盖好瓶盖，并将试剂放回原处，使标签朝外。

⑤取用试剂时，转移的次数越少越好。

⑥取用易挥发的试剂，应在通风橱中操作，防止污染室内空气。有毒药品要在教师指导下按规程使用。

(2)固体试剂的取用

①取用固体试剂一般用干净的药匙(牛角匙、不锈钢药匙、塑料匙等)，其两端有大小两个勺，按取用药量多少而选择应用哪一端。使用时要专匙专用。试剂取用后，要立即将瓶塞盖好，将药匙洗净、晾干，下次再用。

②要严格按量取用药品，一般常量实验中"少量"固体是指半个黄豆粒大小的体积，而微型实验则为常量的 $1/5\sim1/10$。注意不要多取，多取的药品，不能倒回原瓶，可放在指定的容器中以作他用。

③定量药品要称量。一般固体试剂可以放在称量纸上称量；具有腐蚀性、强氧化性、易潮解的固体试剂要用小烧杯、称量瓶、表面皿等装载后进行称量，不得使用滤纸盛放称量物；颗粒较大的固体应在研钵中研碎后再称量。可根据称量精确度的要求，选择台秤或天平称量固体试剂。

④要将药品装入口径小的试管中时，应将试管平卧，小心地将盛药品的药匙放入试管底部，以免药品黏附在试管内壁上。也可先用一窄纸条做成"小纸舟"，用药匙将固体药品放在纸舟上，然后将装有药品的纸舟送入平卧的试管里，再将纸舟和试管竖立起来，并用手指轻弹纸舟，让药品慢慢滑入试管底部。

⑤取用大块药品或金属颗粒时要用镊子夹取。先将容器平卧，再用镊子将药品放在容器口，然后慢慢将容器竖起，让药品沿着容器壁慢慢滑到底部，以免击破容器。对试管而言，也可将试管斜放，让药品沿着试管壁慢慢滑到底部。

(3)液体试剂的取用

①多量液体的取用：取用多量液体，一般采用倾倒法。将试剂移入试管的具体做法是先取下瓶塞反放在桌面上或放在洁净的表面皿上，右手持试剂瓶，使试剂瓶上的标签

朝向手心（如果是双标签则要放在两侧），以免瓶口残留的少量液体腐蚀标签。左手持试管，使试管口紧贴试剂瓶口，慢慢把液体试剂沿管壁倒入。倒出需要的量后，将瓶口在容器上靠一下，再将瓶子竖直，这样可以避免遗留在瓶口的试剂沿瓶子外壁流下。将试剂倒入烧杯时，可用玻璃棒引流，具体做法是用右手握试剂瓶，左手拿玻璃棒，使玻璃棒的下端斜靠在烧杯中，将瓶口靠在玻璃棒上，使液体沿着玻璃棒流入烧杯中。

②少量液体的取用：取用少量液体通常使用胶头滴管，具体做法是先提起滴管，使管口离开液面，捏瘪胶帽以赶出空气，然后将管口插入液面吸取试剂。滴加溶液时，须用拇指、食指和中指夹住滴管，将其悬空置于靠近试管口的上方滴加，滴管要垂直，这样滴入液滴的体积才能准确。绝对禁止将滴管伸进试管中或触及管壁，以免沾污滴管口，使滴瓶内试剂受到污染。滴管不能倒持，以防试剂腐蚀胶帽而使试剂变质。滴完溶液后，滴管应立即插回。一个滴瓶上的滴管不能用来移取其他试剂瓶中的试剂，也不能随便拿别的滴管伸入试剂瓶中吸取试剂。如试剂瓶不带滴管又需取少量试剂，则可将试剂按需要量倒入小试管中，再用自己的滴管取用。

长时间不用的滴瓶，滴管有时会与试剂瓶口粘连，不能直接提起滴管，这时可在瓶口处滴 2 滴蒸馏水，让其润湿后再轻摇几下即可。

③定量取用液体：在试管实验中经常要取"少量"溶液，这是一种估计体积，对常量实验是指 0.5 ~ 1.0mL，对微型实验一般指 3 ~ 5 滴，具体要根据实验的要求灵活掌握。要学会估计 1mL 溶液在试管中占的体积和由滴管滴加的滴数相当的毫升数。要准确量取溶液，则需根据准确度和量的要求，选用量筒、移液管或滴定管等量器。

（五）pH 试纸及其使用方法

试纸能用来定性检验一些溶液的酸碱性及判断某些物质是否存在。常用的试纸有 pH 试纸、淀粉 - 碘化钾试纸、醋酸铅试纸等。试纸要密闭保存，取用试纸要用镊子。

使用 pH 试纸，可快速检验出溶液的酸碱性及大致的 pH 范围。使用方法是将剪成小块的试纸放在表面皿或白色点滴板上，用玻璃棒蘸取待测的溶液，滴在试纸上，观察试纸的颜色变化，然后将其与所附的标准色板比较，便可粗略确定溶液的 pH（用过的试纸不能倒入水槽内）。注意不能将试纸浸泡在待测溶液中，以免造成误差或污染溶液。

pH 试纸分为两类：一类是广泛 pH 试纸，其变色范围为 1 ~ 14 个 pH 单位，用来粗略地检验溶液的 pH，其变化为 1 个 pH 单位；另一类是精密 pH 试纸，用于比较精确地检验溶液的 pH。精密试纸的种类很多，可以根据不同的需求选用。精密 pH 试纸的变化小于 1 个 pH 单位。

用试纸检查挥发性物质及气体时，先将试纸用蒸馏水润湿后粘在玻璃棒上，悬空放在气体出口处，观察试纸的颜色变化。pH 试纸或石蕊试纸常用于检验反应所产生气体的酸碱性，此外还有检验各种气体的试纸。这实际上是利用气体与试纸上的试剂产生的特征性反应来进行判断的，如用来检验 H_2S 气体的醋酸铅试纸，用来检验 SO_2 气体的 $KMnO_4$ 试纸等。

（六）电子天平及其使用方法

通过电磁力矩的调节使物体在重力场中实现力矩平衡的天平，称为电子天平（图

1 – 13）。电子天平是最新一代的天平，可直接称量，全量程不需砝码，放上被称物品后，在几秒钟内即可达到平衡。电子天平具有称量速度快、精度高、使用寿命长、性能稳定、操作简便和灵敏度高的特点。其应用范越来越广泛，并逐步取代了机械天平。

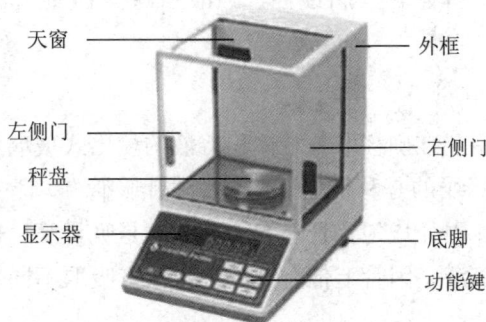

图 1 – 13　电子天平

1. 结构

电子天平的外框为优质合金框架，上部有一个可以移动打开的天窗，左、右各有一个可以移动打开的侧门。天窗和侧门供称量或清理天平内部时使用。电子天平底座的下部有 3 个底脚（前 1 后 2），是电子天平的支撑部件，同时也是电子天平的水平调节器。调节天平的水平时，旋动后面的底脚即可。秤盘由优质金属材料制成，是承受物品的装置，使用时要注意清洁，随时用毛刷除去洒落的药品或灰尘。水平仪位于天平侧门里左侧一角，用来指示天平是否处于水平状态。前部面板是功能键：ON—开机键；OFF—关机键；TAR—去皮或清零键；CAL—自动校准键。

2. 电子天平的使用方法

（1）检查并调整天平至水平位置。

（2）事先检查电源电压是否匹配（必要时配置稳压器），按仪器要求通电预热至所需时间（不少于 30 分钟）。

（3）按一下"ON"键，显示器显示"0.0000g"。如果显示的不是"0.0000g"，应进行校准。方法是按"TARE"键，稳定地显示"0.0000g"后，按一下"CAL"键，天平将自动进行校准，屏幕显示出"CAL"，表示正在进行校准。"CAL"消失后，表示校准完毕，即可进行称量。

（4）称量时，打开电子天平侧门，将被称物品轻轻放在秤盘上，关闭侧门，待显示屏上的数字稳定并出现质量单位"g"后，即可读数（最好再等几秒钟）。轻按一下"TARE"键，天平将自动校对零点，然后逐渐加入待称物质，直到所需重量，显示屏所显示的数值即为所需物品的质量。

（5）称量结束后，应及时移去物品，关上侧门，切断电源，盖好天平罩。

3. 注意事项

电子天平应放置在牢固平稳的水泥台或木质台面上，室内要求清洁、干燥及较恒定的温度，同时应避免光线直接照射天平。称量时应从侧门取放物质。读数时应关闭箱门，以免空气流动引起天平摆动。顶窗仅在检修或清除残留物质时使用。若长时间不使用，则应定时通电预热，每周 1 次，每次预热 2 小时，以确保仪器始终处于良好状态。天平内应放置吸潮剂（如硅胶），当吸潮剂吸水变为红色时，应立即高温烘烤更换，以确保干燥剂的吸湿性能。挥发性、腐蚀性、强酸强碱类物质应盛于带盖的称量瓶内称量，防止腐蚀天平。

（七）移液管和吸量管

移液管和吸量管是用于准确移取一定体积溶液的量出式玻璃量器。中间有一膨大部分，管颈上部刻有一条标线的是移液管，俗称"胖肚吸管"。管中流出的溶液的体积与管上所标明的体积相同。内径均匀，管上有分刻度的是吸量管，也称刻度吸管。吸量管一般用于移取小体积的溶液。因管上带有分度，可用来吸取不同体积的溶液，但准确度不如移液管。

1. 移液管和吸量管的使用方法

使用前用少量洗液润洗后，依次用自来水、蒸馏水润洗几次。洗净的移液管和吸量管整个内壁和下部的外壁不挂水珠。再用滤纸将管尖内外的水吸去，然后用少量移取液润洗 2~3 次，以免溶液被稀释。润洗后，即可移液。

2. 用洗液洗涤的方法

右手手指拿住移液管标线上部，插入洗液，左手捏出洗耳球内的空气，并以洗耳球嘴顶住移液管上口，借球内负压将洗液吸至移液管球部约 1/4 处，用右手食指按住管口，取出吸管，将其横过来，左右两手分别拿住移液管上下端，慢慢转动移液管，使洗液布满全管，然后将洗液倒回原瓶。

3. 移液操作

用移液管移取溶液时，右手拇指及中指拿住管颈标线以上部位，将移液管下端垂直插入液面下 1~2cm 处。插入太深，外壁黏附的溶液过多；插入太浅，液面下降时易吸空。左手持洗耳球，捏扁洗耳球挤出空气并将其下端尖嘴插入吸管上端口内，然后逐渐松开洗耳球吸上溶液，眼睛注意液体上升，随着容器中液面的下降，移液管逐渐下移。

图 1-14 移液管吸液　　图 1-15 移液管放液

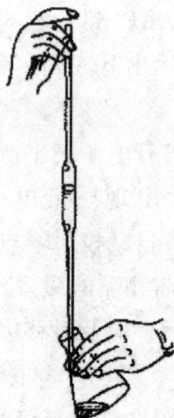

当溶液上升至管内标线以上时，拿去洗耳球，迅速用右手食指紧按管口。将移液管离开液面，靠在器壁上，稍微放松食指，同时轻轻转动移液管，使液面缓慢下降。当液面与标线相切时，立即按紧食指使溶液不再流出。将吸取了溶液的移液管插入准备接受溶液的容器中，将接受容器倾斜而移液管直立，使容器内壁紧贴移液管尖端管口，并成约45°角。放开食指，让溶液自然沿壁流下，待溶液流尽后再停靠约15秒，取出移液管。尖嘴内余下的少量溶液，不必吹入接收器中，因在制管时已考虑到这部分残留液体所占的体积。注意，有的吸管标有"吹"字，则一定要将尖嘴内余下的少量溶液吹入接收容器中。

（八）容量瓶

容量瓶是一种细颈梨形的平底瓶，配有磨口玻璃塞或塑料塞。容量瓶上会标明使用的温度和容积，瓶颈上有刻度线。容量瓶是一种量入式量器，主要用来配制准确浓度的溶液。

容量瓶在使用前应检查是否漏水，如漏水则不能使用。检查方法是将水装至标线附近，盖好塞子，右手食指按住瓶盖，左手握住瓶底，将瓶倒置2分钟，观察瓶塞周围有无漏水现象。如不漏水，将瓶直立，转动瓶塞180°后再倒置一次，若不漏水，方可使用。容量瓶的塞子是配套使用的，为避免塞子打破或遗失，应用橡皮筋将塞子系在瓶颈上。

用容量瓶配制溶液时，如果是固体物质，应先将已准确称量的固体在烧杯内溶解，再将溶液转移到容量瓶中。转移溶液时应用玻璃棒引流，然后用少量蒸馏水冲洗烧杯和玻璃棒几次，冲洗液也转入容量瓶中。然后慢慢往容量瓶中加入蒸馏水至容量瓶容量的3/4左右时，将容量瓶沿水平方向摇转几圈，使溶液初步混匀。继续加水至标线下约1cm处，稍停，待附在瓶颈上的水充分流下后，用滴管或洗瓶加水至弯月面的下缘与标线相切（小心操作，切勿过标线）。塞好塞子，将容量瓶倒置摇动，重复几次，使溶液混合均匀。如固体是经加热溶解的，溶液冷却后才能转入容量瓶内。如果是用已知准确浓度的浓溶液稀释成准确浓度的稀溶液，可用移液管吸取一定体积的浓溶液于容量瓶中，然后按上述操作方法加水稀释至标线。

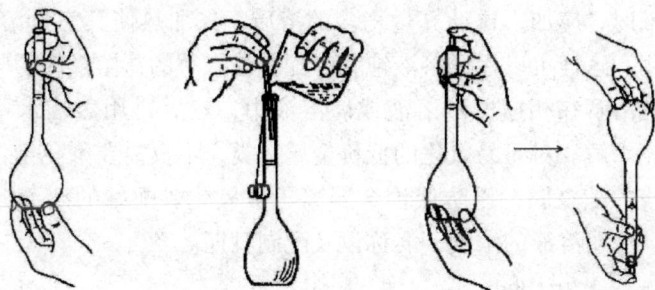

图1-16　容量瓶的使用

注意：①不宜在容量瓶内长期存放溶液（尤其是碱性溶液）。②配好的溶液如需保存，应转移到试剂瓶中，且试剂瓶预先应经过干燥或用少量该溶液润洗2～3次。③容量瓶用毕后应立即用水冲洗干净。如长期不用,磨口处应洗净擦干,并用纸片将磨口隔开。④温度对量器的容积有影响,使用时要注意溶液的温度、室温以及量器本身的温度。⑤容量瓶不得在烘箱中烘烤,也不能用其他任何方法进行加热。

(九)溶液配制

在化学实验中,常需配制各种溶液来满足不同实验的要求。如实验对溶液浓度的准确性要求不高,一般利用台秤、量筒及带刻度的烧杯等低准确度的仪器来粗配溶液即可满足。如要求较高,则须使用移液管、分析天平等高准确度的仪器精确配制溶液。不论是哪种配制方法,首先都要计算所需试剂的用量,然后再进行配制。

1. 粗略配制溶液的方法

先计算出配制溶液所需试剂的用量,用台秤称取所需的固体试剂,加入带刻度的烧杯中,加入少量蒸馏水,搅拌使固体完全溶解后,冷却至室温,用蒸馏水稀释至刻度,即得到所需浓度的溶液;也可将冷却至室温的溶液用玻棒移入量筒或量杯中,用少量蒸馏水洗涤烧杯和玻棒 2～3 次,洗涤液也移入量筒,再用蒸馏水定容。

若用液体试剂配制溶液,则应先计算出所需液体试剂的体积,用量筒或量杯量取所需液体,倒入装有少量水的烧杯中混合,待溶液冷却至室温,再用蒸馏水稀释至刻度即可。

配好的溶液不可在烧杯或量筒中久存,混合均匀后,要移入试剂瓶中,并贴上标签备用。

2. 精确配制溶液的方法

首先要先算出所需试剂的用量,用分析天平(或电子天平)准确称取固体试剂,倒入烧杯中,加入少量蒸馏水搅拌使其完全溶解,冷却至室温,将溶液移入容量瓶(与所配溶液体积相同)中,用少量蒸馏水洗涤烧杯和玻棒 2～3 次,洗涤液也移入容量瓶中,再加入蒸馏水定容,摇匀溶液后,移入试剂瓶中,贴上标签备用。

用浓溶液稀释配制稀溶液时,先计算出所需液体试剂的体积,用移液管或吸量管直接将所需液体移入容量瓶中,然后按要求稀释定容即可。配好的溶液最后也要移入试剂瓶中保存。

配制饱和溶液时,应加入比计算量稍多的溶质,先加热使其完全溶解,然后冷却,待结晶析出后再用,这样可以保证溶液饱和。配制易水解的盐溶液时,不能直接将盐溶解在水中,而应先溶解在相应的酸溶液或碱溶液中,然后再用蒸馏水稀释到所需的浓度,这样可以防止水解。对于易氧化的低价金属盐类,不仅需要酸化溶液,而且应在溶液中加入少量相应的纯金属,以防低价金属离子被氧化。配好的溶液要保存在试剂瓶中,并贴好标签,注明溶液的浓度、名称以及配制日期。

(十)物质的分离和提纯

在化学实验中,为了使反应物混合均匀,迅速进行反应,或提纯固体物质,常常需要将固体物质进行溶解。当液相反应生成难溶的新物质,或加入沉淀剂除去溶液中某种离子时,常常需要将所生成的沉淀物从液相中分离出来,并进行洗涤。因此,掌握固体的溶解、蒸发、结晶和固液分离方法是十分必要的。

1. 固体的溶解

将固体物质溶解于某一溶剂后形成溶液，称为溶解。固体的溶解遵从相似相溶规律，即溶质在与其结构相似的溶剂中较易溶解。因此，溶解固体时，要根据固体物质的性质选择适当的溶剂。考虑到温度对物质溶解度及溶解速度的影响，可采用加热及搅拌等方法加速溶解。

固体溶解操作的一般步骤：

①研细固体：固体极细或极易溶解，则不必研磨。易潮解及易风化的固体，不可研磨。

②加入溶剂：所加溶剂量应能使固体粉末完全溶解而又不致过量太多为宜，必要时应根据固体的量及其在该温度下的溶解度计算或估算所需溶剂的量，再按量加入。

③搅拌溶解：搅拌可以使溶解速度加快。用玻璃棒搅拌时，应手持玻璃棒并转动手腕，微用力使玻璃棒在液体中均匀地转圈，使溶质和溶剂充分接触而加速溶解。搅拌时不可使玻璃棒碰到容器壁上，以免损坏容器。

正错操作　　　　沿壁划动　　　乱搅溅出　　　击破杯壁
　　　　　　　　　　　　　　　错误操作

图 1-17　搅拌溶解

④加热：加热一般可加速溶解过程。应根据物质对热的稳定性来选用直接加热法或水浴等间接加热方法。热解温度低于100℃的物质不宜直接加热。

2. 固体的蒸发和结晶

为使溶解在较大量溶剂中的溶质从溶液中分离出来，常采用蒸发浓缩和冷却结晶的方法。溶剂受热不断蒸发，当蒸发至溶质在溶液中处于过饱和状态时，经冷却便有结晶析出，经固液分离处理可得到该溶质的晶体。

蒸发皿具有大的蒸发表面，有利于液体的蒸发，故常压蒸发浓缩通常在蒸发皿中进行。蒸发时蒸发皿中的盛液量不应超过其容量的2/3，还应注意不要使瓷蒸发皿骤冷，以免炸裂。加热方式应视被加热物质的热稳定性而定，对于热稳定的无机物，可以直接加热；一般情况下采用水浴加热，因水浴加热蒸发速度较慢，蒸发过程易控制。

蒸发时不宜把溶剂蒸干，因为少量溶剂的存在，可以使一些微量的杂质由于未达到饱和而不致析出，这样得到的结晶较为纯净。但不同物质的溶解度往往相差很大，所以控制好蒸程度是非常重要的。对于溶解度随温度变化不大的物质，为了获得较多晶体,应蒸发至有较多结晶析出,然后将溶液静置冷却至室温,便会得到大量的结晶和少量残液(母液)共存的混合物,经分离后得到所需的晶体。若物质在高温时溶解度很大而在低温时溶解度变小,一般蒸发至溶液表面出现晶膜(液面上有一层薄薄的晶体)后,冷却即可析出晶体。某些结晶水合物在不同温度下析出时所带的结晶水数目不同,制备此类化合物时应注意要满足其结晶水条件。

向过饱和溶液中加入一小粒晶体(称为"晶种")或者用玻棒摩擦器壁,可加速晶体析出。析出晶体的颗粒大小与结晶条件有关。如果溶液浓度高,快速冷却,并加以搅拌,则会析出细小晶体。这是由于短时间内产生了大量的晶核,晶核形成速度大于晶体的生长速度。而浓度较低或静置溶液缓慢冷却则有利于大晶体的生成。从纯度上来看,大晶体由于结晶完美,表面积小,夹带的母液少,并易于洗净,因此较细小的晶体纯度高。

为了得到纯度更高的物质,可将第一次结晶得到的晶体加入适量的蒸馏水(水量为在加热温度下固体刚好完全溶解)加热溶解后,趁热将其中的不溶物滤除,然后再次进行蒸发、结晶,这种操作叫作重结晶。根据纯度要求可以进行多次重结晶。在重结晶操作过程中,为避免所需溶质损失过多,结晶析出后残存的母液不宜过多,因在少量的母液中,只有微量存在的杂质才不致达到饱和状态而随同结晶析出。因此,杂质含量较高的样品,直接用重结晶的方法进行纯化,往往达不到预期的效果。一般认为,杂质含量高于5%的样品,必须采用其他方法进行初步提纯后,再进行重结晶。

3. 固液分离

溶液和沉淀的分离方法有三种:倾析法、过滤法、离心分离法。应根据沉淀的形状、性质及数量,选用合适的分离方法。

(1)倾析法:此法适用于相对密度较大的沉淀或大颗粒晶体等静置后能较快沉降的固体的固液分离。

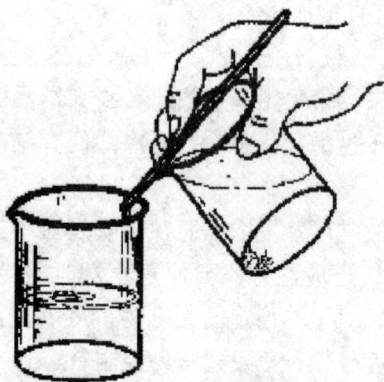

图 1-18　倾析法

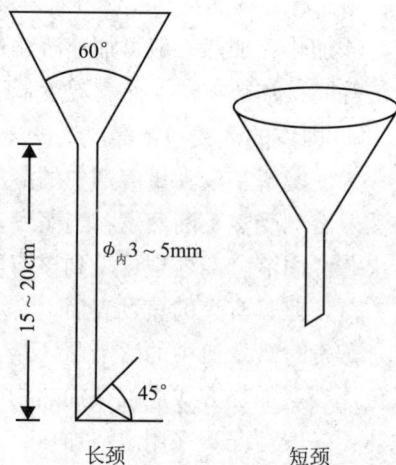

图 1-19　玻璃漏斗

倾析法分离的操作方法:先将待分离的物料置于烧杯中静置,待固体沉降完全后,将玻璃棒横放在烧杯嘴处，小心将上层清液沿玻璃棒缓慢倾入另一烧杯内。残液要尽量倾出，使沉淀与溶液分离完全。留在杯底的固体还黏附着残液，要用洗涤液洗涤除去。洗涤时先洗玻璃棒，再洗烧杯壁，将上面黏附的固体冲至杯底，搅拌均匀后，再重复上述静置、沉降、再倾析的操作，反复几次（一般 2 ~ 3 次即可），直至洗涤干净为止。洗涤液一般用量不宜过多。

（2）过滤法：过滤是最常用的固 - 液分离方法之一。过滤时，沉淀和溶液经过过滤器，沉淀留在过滤器上，溶液则通过过滤器而进入接收容器中，所得溶液称为滤液。常用的过滤方法有常压过滤（普通过滤）、减压过滤（抽滤）和热过滤 3 种。能将固体截留住只让溶液通过的材料除了滤纸之外，还可用一些其他纤维状物质以及特制的微孔玻璃漏斗等。下面仅介绍最常用的滤纸过滤法。

1）常压过滤法：此法较为简单、常用，仅使用玻璃漏斗和滤纸进行过滤。当沉淀物为胶体或细小晶体时，用此方法过滤较好。本法的缺点是过滤速度较慢。

漏斗的选择：多为玻璃制的，也有搪瓷制的，通常分为长颈和短颈两种。玻璃漏斗锥体的角度为 60°，颈直径通常为 3 ~ 5mm，若太粗则不易保留水柱。普通漏斗的规格按斗径（深）划分，常用的有 30mm、40mm、60mm、100mm、120mm 等几种。选用的漏斗大小应以能容纳沉淀量为宜。若过滤后欲获取滤液，应按滤液的体积选择斗径大小适当的漏斗。在质量分析时，则必须用长颈漏斗。

滤纸的选择：滤纸有定性滤纸和定量滤纸两种。除了做沉淀的质量分析外，一般选用定性滤纸。滤纸按孔隙大小又分为快速、中速、慢速三种；按直径大小分为 7cm、9cm、12.5cm、15cm 等。应根据沉淀的性质选择滤纸的类型，细晶形沉淀，应选用慢速滤纸；粗晶形沉淀，宜选用中速滤纸；胶状沉淀，需选用快速滤纸。根据沉淀量的多少选择滤纸的大小，一般要求沉淀的总体积不得超过滤纸锥体高度的 1/3。滤纸的大小还应与漏斗的大小相适应，一般滤纸上沿应低于漏斗上沿 0.5 ~ 1cm。

滤纸的折叠：折叠滤纸前应先把手洗净、擦干。选取一大小合适的圆形滤纸对折两次（方形滤纸需剪成扇形），折痕不要压死，展开后成圆锥形，内角成 60°，恰好能与漏斗内壁密合。如果漏斗的角度大于或小于 60°，应适当改变滤纸折成的角度使之与漏斗壁密合。折叠好的滤纸还要在 3 层纸那边将外面两层撕去一个小角，以保证滤纸上沿能与漏斗壁密合而无气泡。

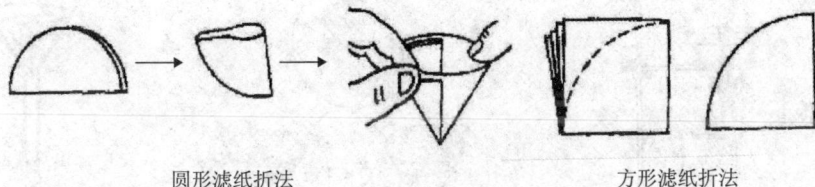

圆形滤纸折法　　　　　　　方形滤纸折法

图 1 - 20　滤纸的折叠方法

安放时，先用食指将滤纸按在漏斗内壁上，用少量蒸馏水润湿滤纸，然后用玻璃棒轻压滤纸四周，赶去滤纸与漏斗壁间的气泡，务必使滤纸紧贴在漏斗壁上。为加快过滤速度，应使漏斗颈部形成完整的水柱。因此，需加蒸馏水至滤纸边缘，让水全部流下，漏斗颈部内应全部充满水。若未形成完整的水柱，可用手指堵住漏斗下口，稍掀起滤纸的一边用洗瓶向滤纸和漏斗空隙处加水，使漏斗和锥体被水充满，轻压滤纸边，然后放开堵住漏斗口的手指，即可形成水柱。

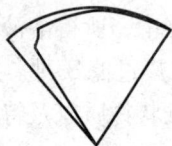

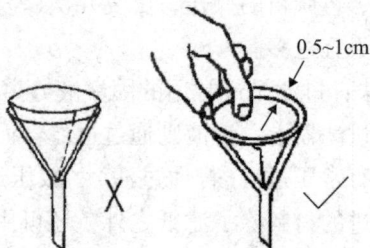

图1-21　滤纸撕角　　　　　　　　　图1-22　安放滤纸

过滤操作：将准备好的漏斗放在漏斗架或铁圈上，下面放一洁净容器承接滤液，调整漏斗架或铁圈高度，使漏斗管斜口尖端一边紧靠接收容器内壁。为避免滤纸孔隙过早被堵塞，过滤时应先滤上部清液，后转移沉淀，这样可以加快整个过滤的速度。过滤时，应使玻璃棒下端与3层滤纸处接触，将待分离的液体沿玻璃棒注入漏斗，漏斗中的液面高度应略低于滤纸边缘(0.5~1cm)。待溶液转移完毕后，再往盛有沉淀的容器中加入少量洗涤剂，充分搅拌后，将上方清液倒入漏斗过滤，如此重复洗涤2~3遍，最后将沉淀转移到滤纸上。

沉淀的洗涤：将沉淀全部转移到滤纸上，待漏斗中的溶液完全滤出后，为除去沉淀表面吸附的杂质和残留的母液，仍需在滤纸上洗涤沉淀。方法是用洗瓶吹出少量水流，从滤纸边缘稍下部位开始，按螺旋形向下移动，洗涤滤纸上的沉淀和滤纸几次，并借此将沉淀集中到滤纸锥体的下部。洗涤时应注意，切勿使洗涤液突然冲在沉淀上，以免沉淀溅失。为了提高洗涤效率，每次应使用少量洗涤液，洗后尽量滤干，多洗几次，通常称为"少量多次"原则。

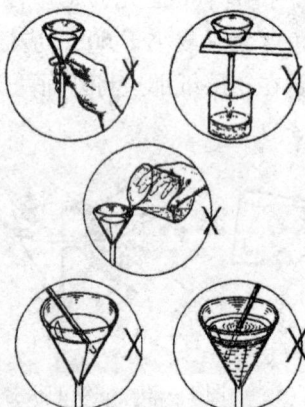

正确操作　　　　　　　　　　错误操作

图1-23　常压过滤　　　　　　　　　图1-24　沉淀的洗涤

2）减压过滤法：减压过滤可以加快过滤速度，沉淀也可以被抽吸得较为干燥，但不宜用于过滤胶状沉淀和颗粒太小的沉淀。因为胶状沉淀在快速过滤时易穿透滤纸，颗粒太小的沉淀物易在滤纸上形成密实的薄层，使得溶液不易透过。

减压过滤需借助真空泵或水流抽气管来完成，因为它们可以带走空气，使抽滤瓶内压力下降，从而使布氏漏斗内的溶液因压力差而加快通过滤纸的速度。减压过滤装置的主要部件包括抽滤瓶、布氏漏斗和抽气装置。

图 1-25 减压过滤装置　　　　　　　图 1-26 水流抽气泵

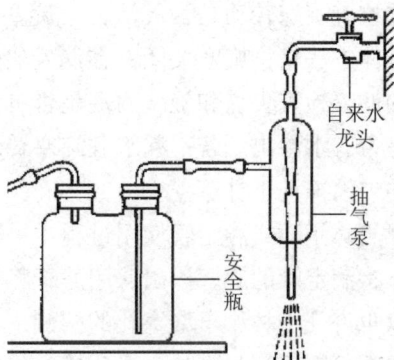

抽滤瓶用来承接滤液，其支管用耐压橡皮支管与抽气系统相连。布氏漏斗为瓷制漏斗，内有一多孔平板，漏斗颈插入单孔橡胶塞，与抽滤瓶相连。橡胶塞插入抽滤瓶内的部分不能超过塞子高度的 2/3。漏斗颈下端的斜口要对着抽滤瓶的支管口。抽气装置常用真空泵或水流抽气泵。如要保留滤液，常在抽滤瓶和抽气泵之间安装一个安全瓶，以防止关闭抽气泵或水的流量突然变小时，由于抽滤瓶内压力低于外界大气压而使自来水反吸入抽滤瓶内，污染滤液。安装时要注意安全瓶上长管和短管的连接顺序，不要连反。

减压过滤操作步骤及注意事项：

①按图 1-25 装好仪器后，将滤纸平放入布氏漏斗内。滤纸以略小于漏斗的内径又能将全部小孔盖住为宜。用少量蒸馏水润湿滤纸后，打开真空泵，抽气使滤纸紧贴在漏斗瓷板上。

②用倾析法先转移溶液，溶液量不得超过漏斗容量的 2/3。待溶液快流尽时再转移沉淀至滤纸的中间部分。抽滤时要注意观察抽滤瓶内的液面高度，当液面快达到支管口位置时，应拔掉抽滤瓶上的橡皮管，从抽滤瓶上口倒出溶液。抽滤瓶的支管口只作连接调压装置用，不可从中倒出溶液，以免污染溶液。

③洗涤沉淀时，应拔掉抽滤瓶上的橡皮管，用少量洗涤剂润湿沉淀，再接上橡皮管，继续抽滤，如此反复几次。

④将沉淀尽量抽干，取下抽滤瓶，用手指或玻璃棒轻轻揭起滤纸边缘，取出滤纸和沉淀。滤液从抽滤瓶上口倒出。

⑤抽滤完毕或中间需停止抽滤时，应特别注意需先拔掉连接抽滤瓶和真空泵的橡胶

管，然后关闭真空泵，以防倒吸。

⑥如过滤的溶液具有强酸性或强氧化性，为了避免溶液破坏滤纸，可用玻璃纤维或玻璃砂芯漏斗等代替滤纸。由于碱易与玻璃发生反应，所以玻璃漏斗不宜过滤强碱性溶液。

（十一）滴定管的使用

1. 酸式滴定管

首先检查旋塞转动是否灵活，与旋塞套是否配套，然后检查是否漏水，称为试漏。试漏的具体方法是将旋塞关闭，在滴定管中装满自来水至零刻度线以上，静止 2 分钟，用干燥的滤纸检查尖嘴和旋塞两端是否有水渗出；将旋塞旋转180°，再静止 2 分钟，再次检查是否有水渗出。若不漏水且旋塞转动灵活，即可使用，否则应该在旋塞和旋塞套上再次均匀涂抹凡士林。

涂凡士林是酸式滴定管使用过程中一项重要而基本的操作。先将旋塞套头上的橡皮套取下，将滴定管的旋塞拔出，用滤纸将旋塞和旋塞槽内的凡士林全部擦干净，然后用手指蘸取少许凡士林涂于旋塞孔的两侧，并使其成为一均匀的薄层。注意在靠近旋塞孔位置的中间一圈不涂凡士林，以免堵塞旋塞孔。将涂好凡士林的旋塞按照与滴定管平行的方向插入旋塞套中，按紧，然后向同一方向连续旋转旋塞，直至旋塞上的凡士林形成均匀透明的膜。若凡士林涂得不够，则会旋塞转动不灵活或者明显看到旋塞套上出现纹路；若凡士林涂得太多，则会有凡士林从旋塞槽两侧挤出的现象。若出现上述情况，都必须将旋塞和旋塞槽擦拭干净后重新涂凡士林。凡士林涂抹完成后，为防止滴定过程中旋塞从旋塞套上脱落的现象，必须在旋塞套的小头部分套一个小橡皮套。在套橡皮套时，要用手指顶住旋塞柄，以防旋塞松动。整个操作进行完后，还要重新检查滴定管的漏水情况。

2. 碱式滴定管

先在碱式滴定管中装满水至零刻度线以上，观察尖嘴处是否有水滴渗出。若滴定管尖有水漏出，可能是橡皮管老化或者玻璃珠过小导致的漏液。因此更换老化的橡皮管，同时选择合适的玻璃珠是排除碱式滴定管漏水的方法。

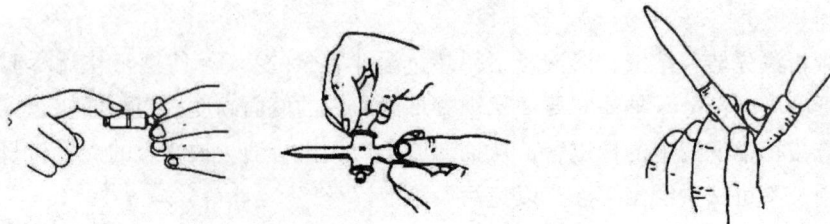

图 1-27   旋塞涂凡士林（左）和插入旋塞向同一方向旋转（右）   图 1-28   碱式滴定管排气泡

检漏进行完后，洗涤滴定管是滴定管准备过程中的重要环节。一般用铬酸洗液洗涤，先将酸式滴定管中的水沥干，倒入 10mL 左右铬酸洗液（碱式滴定管应先卸下乳胶管和尖嘴，套上一个稍微老化不能使用的乳胶管，再倒入洗液，在小烧杯中用洗液浸泡尖嘴和玻璃珠），双手手心向上慢慢倾斜，尽量放平管身，并旋转滴定管，使洗液浸润整个滴定管内壁，然后将洗液放回洗液瓶中。若滴定管沾污严重，可装满洗液浸泡或用温热的洗液浸泡，尤其是酸式滴定管尖嘴中有凡士林时，应用热水或者热洗液浸泡洗涤（必须等冷却后，再用水洗）。然后分别用自来水、去离子水洗涤3次，洗涤时应遵循少量多次原则。

3. 标准溶液的装入

为了保证装入滴定管的标准溶液不被稀释，需要用该种标准溶液润洗滴定管两次或者三次，每次用5～10mL标准溶液。润洗方法与铬酸洗液洗涤滴定管相同，洗涤完毕后溶液从下管口放出。注意标准溶液应从试剂瓶、容量瓶等直接倒入滴定管，不借助于任何烧杯、漏斗等中间容器，以免标准溶液的浓度改变。

标准溶液润洗完毕后，从滴定管的上管口直接加入标准溶液至零刻度线以上，装满后，检查滴定管尖嘴内是否有气泡。若有气泡，应将气泡排出，否则会造成测量误差。酸式滴定管排气泡的方法是装满标准溶液后然后迅速打开旋塞，使溶液快速冲出将气泡带出，同时可以轻轻抖动滴定管管身，保证气泡快速冲出。而对于碱式滴定管，应用左手拿住滴定管上端，左手的拇指和食指轻轻捏挤玻璃珠外侧的橡皮管，同时将尖嘴上翘，使溶液慢慢流出时将气泡带走（图1-28）。注意捏挤橡胶管外侧时不要用力过大，以防气泡重新进入滴定管中。同时，由于溶液有一定的滑腻感，捏挤橡胶管时注意不要上下移动玻璃珠的位置，防止漏液。

4. 滴定管的读数

滴定管的读数误差是滴定分析的主要误差来源之一。每一个滴定数据的获得，都需经过两次读数，即起始或者零点读数以及滴定结束时的读数。

排出气泡后，使标准溶液的液面在滴定管"0"刻线以上，仔细调节液面至"0"刻线，并记录零点"0.00mL"；也可调液面在"0"刻线以下作为零点（一般在1.00mL范围内），但要记录其实际体积，如0.28mL等。读数时应注意：

（1）读数前应等待0.5～1分钟，使附着在滴定管内壁的标准溶液完全流下，液面稳定不变。

（2）读数时应将滴定管从滴定管架上取下，用拇指和食指握住滴定管上部，使滴定管悬垂。因为在滴定管架上不能确保滴定管处于垂直状态而造成读数误差。

（3）无色和浅色溶液会有清晰的凹液面，读数时应保持视线与凹液面的最低点相切。视线偏高（俯视）将使读数偏小，视线偏低（仰视）将使读数偏大。颜色较深的溶液（如$KMnO_4$、I_2等）无法清晰辨认凹液面，读数时应读取溶液上沿。

（4）使用"蓝带"滴定管时，凹液面中间被打断，两边凹液面交在蓝线上的交点即为读数。

（5）每次读数前均应检查尖嘴是否有气泡，是否有液滴悬挂在尖嘴上，并根据滴定管的精密程度准确读数至0.00mL。

（6）由于滴定管的刻度并非绝对均匀，因此为减小滴定误差，每次滴定完后应该把滴定管加满后重新开始第二次滴定，保证使用滴定管的相同部位进行读数，这样可以消除因刻度不均匀而引起的误差。

5. 滴定操作

先将装好标准溶液并调好"零点"的(记录起始读数)滴定管垂直地夹在滴定管架上。下面的滴定台应该是白色台面,使滴定过程中的颜色变化更容易观察。滴定开始之前,必须调整好滴定管和滴定台的高度、滴定台和锥形瓶的高度。首先,滴定台的前沿需要距离桌面的前沿 10~15cm,滴定时锥形瓶的瓶底应该距离滴定台白台面2~3cm,滴定管的管尖在滴定时应伸入锥形瓶的瓶口 1~2cm。滴定时,必须左手操作滴定管,右手握住锥形瓶并不断摇动。

使用酸式滴定管时,其手部的动作称为"反扣法"。将活塞套的旋塞部分朝外,用左手控制滴定管的旋塞,大拇指在前,食指及中指在后握住旋塞,无名指和小拇指弯曲靠在尖嘴上。在凡士林涂抹合适的情况下,转动活塞时稍微向手心使劲,这是为了防止滴定过程中旋塞从旋塞套中脱落。注意手掌不要顶住旋塞,且在滴定过程中左手不能离开旋塞。

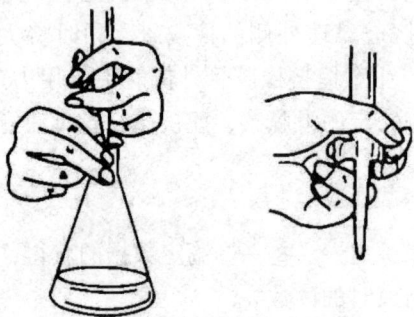

图 1-29　酸式滴定管的操作　　　　图 1-30　碱式滴定管的操作

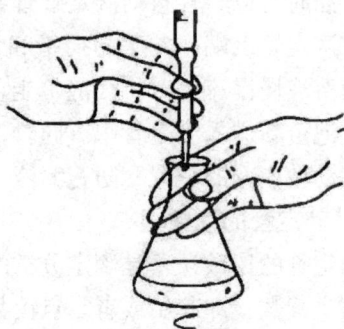

使用碱式滴定管时,左手大拇指在前,食指在后,其余三指固定尖嘴,中指和无名指夹住管尖,用手指指尖挤压玻璃珠上半部分右侧乳胶管,使乳胶管内壁和玻璃珠之间形成一条细小的缝隙,溶液即可流出。注意在挤压玻璃珠时不要挤压玻璃珠的中部,也不要挤压玻璃珠下部的乳胶管,以免空气进入尖嘴,造成滴定体积测量误差。

摇动锥形瓶时,右手大拇指在前,食指和中指在后,无名指和小拇指自然弯曲靠在锥形瓶前侧,手腕放松,保持锥形瓶瓶口水平;同时也可以使大拇指处于锥形瓶一侧在前,其余四个手指在后握住锥形瓶。滴定时使滴定管尖嘴伸入锥形瓶 1~2cm 为宜,边滴定边摇动锥形瓶。摇动锥形瓶时尽量抖动手腕,使锥形瓶里的溶液做同一方向的圆周运动(常以顺时针为宜)。不要摇动幅度过大,也不要左右振荡,谨防溶液溅出。如果有溶液溅出的情况应重新滴定。

滴定速度将直接影响滴定终点的观察和判断。一般情况下,滴定开始时,滴定速度可适当快一点,其滴定的快慢程度可以用"见滴成线"来说明,但不能使滴定剂成流线型流出。滴定时,仔细观察滴定剂滴入点周围的颜色变化,若颜色变化越来越慢则必须放慢滴定速度,需逐滴滴加滴定剂,滴一滴,摇一摇,直至一滴溶液加入后振摇几下颜色才变化，此时应半滴半滴地滴加。当溶液颜色有明显变化且半分钟内不褪时，即到达终点，应停止滴定。

控制半滴的操作是微微旋转旋塞或稍稍挤压玻璃珠上部的乳胶管，使滴定剂慢慢流出，并有半滴溶液悬挂在尖嘴口（注意只要溶液没有落下，即为半滴溶液，同时有大半滴与小半滴之分，应该尽量滴入小半滴溶液），将尖嘴小心伸入锥形瓶，使半滴溶液靠在锥形瓶内壁上，然后慢慢倾斜锥形瓶，使锥形瓶中的溶液将该半滴滴定剂溶入其中，或用洗瓶用去离子水吹洗冲下，或者直接用洗瓶将半滴溶液吹入锥形瓶中。少量的锥形瓶吹洗不会造成测定的误差。

第三节　化学实验的绿色化

一、绿色化学概述

化学为现代高科技的发展及人类社会的快速进步提供了新材料、新药物和新能源，是人类用以认识和改造物质世界的主要方法和手段之一。然而，传统的化学工业给环境带来了很大污染，目前全世界每年产生的有害废物达4亿吨，进而产生了臭氧层破坏、雾霾加剧、酸雨及水体富营养化、食品安全（硝酸盐、亚硝酸盐过量，以及瘦肉精、苏丹红等的不正当使用）等问题。随着对环境保护认识的不断深入，人类已开始着手解决发展生产、提高生活水平与保护环境这一矛盾，并积极寻找一条不破坏环境、不危害人类生存的可持续发展道路。为了满足此种迫切需求，就产生了"绿色化学"这一前沿学科。

绿色化学，也可以称之为环境无害化学、环境友好化学、清洁化学，是利用新的化学工艺和方法，或者通过减少有害物质的使用，避免有害产物、副产物的产生，力求使化学反应具有"原子经济性"，实现废物的"零排放"。其目标是将传统化学和化工生产的技术路线从"先污染，后治理"变为"从源头上根除污染"。绿色化学是当今国际化学科学研究的前沿学科之一，它吸收了当代化学、物理、生物、材料、信息等学科的最新理论和技术，是具有明确的社会需求和科学目标的新兴交叉学科。

绿色化学最初发端于美国。1984年，美国环保局（EPA）提出"废物最小化"，其基本思想是通过减少产生废物和回收利用废物以达到废物最少，初步体现了绿色化学的思想。1989年，美国环保局又提出了"污染预防"的概念，即最大限度地减少生产场地产生的废物，包括减少使用有害物质和更有效地利用资源，并以此来保护自然资源，初步形成了绿色化学思想。1990年，美国颁布了"污染防止法案"，将污染的防止确立为国策。该法案中第一次出现"绿色化学"一词，并将其定义为采用最少的资源和能源消耗，产生最小排放的工艺过程。1991年，"绿色化学"成为美国环保局的中心口号，从而确立了绿色化学的重要地位。同年，美国环保局污染预防和毒物办公室启动"为防止污染变更合成路线"的研究基金计划，资助化学品设计与合成中污染预防的研究项目。1993年，该研究主题扩展到绿色溶剂、安全化学品等，并改名为"绿色化学计划"。

早在 1998 年，绿色化学的先驱阿纳斯塔斯（P. T. Anastas）和华纳（J. C. Warner）等从源头上减少或消除化学污染的角度出发，通过 12 条原则对绿色化学概念的内涵进行了阐述。它们分别是：

1. 防止废物的产生，而不是产生后再治理。
2. 合成方法应具原子经济性，即尽量使反应过程的原子都进入最终产品中。
3. 提倡无害的化学合成方法。
4. 设计更安全的化学品。
5. 尽量不用溶剂、分离试剂等辅助物质，不得已使用时也应是无毒、无害的。
6. 提高能量的使用效率。
7. 尽量使用可再生的原料。
8. 尽量避免或减少不必要的衍生步骤。
9. 开发新型高效催化剂。
10. 化学产品在使用完后应能降解成无害的物质并且能进入自然生态循环。
11. 加强预防污染中的实时分析。
12. 开发防止意外事故的安全工艺。

以上 12 条原则的提出满足了现代社会可持续发展的要求，反映了近年来在绿色化学领域中所开展的多方面研究工作内容，同时也指明了未来化学的发展方向。

二、实现化学实验绿色化的途径

（一）化学原料的替代

化工生产中不可避免地要用到一些有毒有害的原料，如剧毒的光气、氢氰酸和有害的甲醛、环氧乙烷等，它们严重污染环境，危害人类健康和社会安全。鉴于此，对原料进行绿色评估是绿色化学的重要任务之一。在选择原料时应尽量使用对人体和环境无害的材料，避免使用枯竭或稀有的材料；采用可回收再生的、易于提取的、可循环利用且可降解的原材料。

1. 剧毒原料的替代

光气（$COCl_2$）是一种重要的化工原料，是合成碳酸二甲酯、异氰酸酯、氨基甲酸酯等化工产品的试剂，但是光气有剧毒，吸入光气具有致死危险。在代替剧毒的光气作为原料方面，已有很多文献报道用二氧化碳代替光气生产碳酸二甲酯的新方法，取代了常规的光气合成路线。美国、日本等国家相继研究开发了在固态熔融状态下，应用双酚A与无毒性的碳酸二甲酯取代光气生产聚碳酸酯（PC）的新技术。氢氰酸（HCN）是传统方法合成有机玻璃的单体（甲基丙烯酸甲酯）和腈纶的单体（丙烯腈）的原料，但众所周知，它是剧毒类化学品。美国孟山都（Monsanto）公司经过多年研究，开发了从无毒无害的二乙醇胺原料出发，经过催化脱氢，生产氨基二乙酸钠的安全工艺。

2. 工业废弃物的利用

以煤和石油为主要能源的现代工业高速发展，使大气中 CO_2 迅速增加，其结果是给环境带来很多负面影响，如温室效应。所以，无论从环境保护还是资源利用的角度考虑，CO_2 固定和化学转化的研究都具有重要意义。以 CO_2 为原料合成有用的化合物，如碳酸二甲酯、甲醇、乙醇、甲酸及其衍生物、低碳烃以及高分子化合物等，就是采用环境友好的化学方法固定 CO_2 的重要途径，且充分体现了有机合成的绿色化。

3. 可再生资源的重复利用

可再生资源是指能够通过自然力保持或增加蕴藏量的自然资源，如生物质、水资源、地热资源等。其中，生物质是指通过光合作用而形成的各种有机体，包括所有的动植物和微生物，如农作物、草、树木、藻类等。生物质是取之不尽、用之不竭的，用来代替矿物质资源可大大减轻对资源和环境的压力。例如，废纤维转化成乙酰丙酸技术，利用一系列转基因微生物将植物糖转化为各种链烷烃、烯烃、脂肪醇和脂肪酸等产品、生物柴油的制备等研究。

4. 绿色催化剂的使用

通常把催化剂的活性作为选择催化剂的首要原则。但对于绿色化学而言，催化剂的活性应该是次要问题，首先需要把握的原则是催化剂的安全性和对反应所具有的选择性。既往很多有机化学反应需要使用氢氟酸、硫酸、盐酸、磷酸等液体酸催化剂，这些液体催化剂对化学金属设备具有腐蚀性，对人身有危害，还会污染环境。为此，很多人开始从分子筛、杂多酸、超强酸等新型催化材料中大力开发固体酸催化剂。很多过渡金属具有很高的催化选择性，这使得金属有机化学在绿色化学的实现方面扮演着不可替代的角色。过渡金属（钯、铂、铑、铱、钌）催化在当下的有机合成反应中应用十分广泛。

5. 绿色溶剂的使用

当前化学反应中广泛使用的溶剂是挥发性有机化合物，有的会引起地面臭氧的形成，有的会引起水源污染。因此，采用无毒无害的溶剂代替挥发性有机化合物溶剂是绿色化学的重要研究方向。在绿色溶剂的研究中，最热门的领域是超临界流体的应用，特别是超临界 CO_2 的开发和应用。超临界流体是指物质的温度和压力分别处于其临界温度和临界压力之上时的特殊流体。超临界 CO_2 具有来源广泛、无毒、不可燃、化学性质不活泼等优点，是环保上可接受的优良溶剂。目前，超临界 CO_2 在药物、有机中间体及高分子聚合物的制备方面有广泛的应用。离子液体也是一种重要的绿色溶剂。离子液体（或称离子性液体）是指全部由离子组成的液体，如高温下的 KCl、KOH 呈液体状态，此时它们就是离子液体。在室温或室温附近温度下呈液态的由离子构成的物质，称为室温离子液体、室温熔融盐、有机离子液体等，目前尚无统一的名称。离子液体具有液体状态温度范围广、不易挥发、溶解性好、密度大以及较大的可调控性等诸多突出的优点，因此被广泛应用于化学研究的各个领域中，如作为有机化学反应的溶剂、催化剂。除上述绿色溶剂外，还有化学家研究将水、近临界或超临界水作为溶剂。采用水作溶剂虽然能避免有机溶剂带来的污染，但由于其溶解度有限，限制了其应用。为了克服水对有机物溶解度不好的缺陷，可以寻找安全的表面活性剂，使其在水中形成微小的液滴，使有机化合物溶解到这些液滴中从而达到进行高效反应的目的。

(二)化学实验规模小型化和智能化

1. 微型化学实验

微型化学实验是着眼于环境安全和污染预防的需要,用尽可能少的药品,在微型化的仪器装置中进行的化学实验。微型实验除了具有现象明显、操作简便快速、节省经费、减少污染、安全、便于携带等优点外,在培养和提高人的科学素质上也发挥着不可估量的作用。微型化学实验不是常规实验的简单微缩或减量,而是在微型化的条件下对实验进行重新设计与探索,达到以尽可能少的试剂来获取尽可能多的化学信息和目标的目的。微型实验试剂用量少,但与微量化学实验是不同的概念。微型化学实验包括中学化学到大学无机、有机化学等各类在微型装置中以少量试剂进行的实验。

2. 小量-半微量化学实验

小量-半微量实验方法采用常规的小量实验仪器和设备,对普通化学实验的基本操作、基本原理、无机化合物和有机化合物的制备、综合实验采用小量化,对元素及其化合物的性质的实验采用半微量化。小量-半微量实验的方法避开了微型化学实验的一些局限性,是在绿色化学思想指导下,用预防化学污染的新思想对常规实验进行改革所形成的实验方法。常规实验的小量化是指在不改变实验方法、不改变操作技术的前提下,采用常规的小容量仪器,药品用量减量。在实验现象明显、效果显著的前提下,实验中试剂的浓度和用量降至最低限度。半微量实验中试剂的用量或浓度仅为常量的 $1/10 \sim 1/5$,其试剂量比对应的常量实验节约80%以上。实践证明,药品用量的半微量化与常量化在准确性与严密性上并无明显差别,反而使学生在做实验时更细心、认真,避免了照方抓药、粗放式的实验方法。小量-半微量化实验在激发学生对化学的兴趣,强化动手能力的训练,培养创造性思维,树立绿色化学观念上同样有着独特的作用。

3. 微波化学实验

利用微波技术进行的化学反应都是在家用微波炉内进行的,主要用于样品处理、无机物和有机物的合成。微波炉造价低、体积小,适用于各种实验室。根据化学反应对溶剂的选择可将微波化学反应分为液相反应和非溶剂反应,或称湿反应和干反应。在微波炉内进行的非溶剂(干)反应,反应容器只能封闭放置、敞口放置或在敞口容器口(烧杯、锥形瓶)盖上表面皿或自制开口塞。对于液相(湿)反应,敞口放置往往很危险,因而人们就对微波炉加以改造,设计出可以进行回流操作的微波反应装置。干反应一般在未经改造的微波炉内进行,通常将反应物分散担载在无机载体上。载体本身与微波耦合作用较弱,可以透过微波,有时还可以起到催化剂的作用。但有些干反应不需要载体,却可以得到较好的效果,如微波辐射合成阿司匹林。干反应避免了大量有机溶剂的使用,对解决环境污染具有现实意义。

微波致热反应有三大特点:一是加热速度快,能在很短的时间内达到反应温度、热效率高,反应往往在数分钟内完成;二是实验条件温和,避免了常规反应的油浴或电热套等加热器,操作简单,便于控制,实验环境好,劳动强度低;三是微波化学反应是分子意义上的搅拌,反应物转化率高且产物质量高。微波化学实验的反应物用量一般低于 0.01mol,因此可以将微型实验、小量-半微量实验有选择地改造为微波化学实验。

4. 计算机虚拟仿真的绿色实验设计

绿色化学实验思想是指在化学实验设计与操作过程中应尽可能符合绿色化学的思想。它要求在设计上优化实验方案，操作上严格控制药品用量，循环使用实验试剂与产物，从根本上消除污染，防止污染对环境的破坏。在设计新的绿色化学实验时，既要考虑到实验的可靠性和可重复性，又要价格经济、产生少的废物，而且要求对环境无害，其难度之大是可想而知的。而仿真化学实验室正是绿色化学理念在化学教学中的具体体现。在真实实验过程中，往往因为操作错误，导致实验完全失败，而在仿真实验中只要点击重新开始键，这就是对试剂产物的循环利用，实现了绿色化学思想中的 3R 原则（减量化、再利用、再循环）。因此，计算机辅助设计在绿色有机合成领域已显示出优势。它的做法是首先建立一个已知的尽可能全的有机合成反应的资料库，在确定目标产物后，找出一切产生目标产物的反应，再把这些反应的原料作为中间目标产物找出一切产生它们的反应，依此类推，直到得出一些反应路线正好使用我们预定的原料。在搜索过程中，计算机按照我们制定的评估方法自动地比较所有可能的反应途径，随时排除不合适的反应，以便最终找出价廉物美、不浪费资源、不污染环境的最佳途径。

(三)建设绿色化学实验室的意义和必要性

保护生态环境是绿色化学的出发点和最终归宿。高校化学实验室是教师进行科研和学生进行大量实验活动的重要场所，每天都有大批学生在进行各种各样的化学实验，所使用的化学药品种类繁多、消耗量大，因此它是产生与排放污染物最严重的地方。这些污染物中不仅含有大量强腐蚀性的酸、碱和重金属，而且还有一些毒性强、挥发性强的有机溶剂以及有害气体。这些污染物如果处理不当，将会对生态环境造成严重的污染。由此可见，建设高校绿色化学实验室是当前各个大学的重要课题。建设绿色化学实验室是人类可持续发展所必要的，对维护生态环境和人类的健康具有深远的意义。

(四)化学实验室常见废弃物的绿色化处置

在大学化学实验过程中，需要将环境保护作为重点。实验室人员在实验设计中也需将环境保护作为重点，在实验操作引导中贯彻绿色实验室的基本理念。化学实验室会产生大量的无机及有机废液，如果处理不当会对环境造成污染。现阶段，在环境保护工作优化的背景下，需要通过具体分析实验室废弃物的排放管理，运用规范化实验操作技术，保证实验操作的合理性，增强人们的保护意识，从而促进实验室废弃物的绿色化处理。

1. 无机及分析化学实验室废弃物的绿色化处置

(1)含汞废弃物的处理：如不小心打碎压力计或温度计，将汞撒落在实验室地面、工作台上等，必须及时清除，可用滴管、毛笔或用在硝酸汞的酸性溶液中浸过的薄铜片、粗铜丝收集于烧杯中，并用水覆盖。落于地面等难以收集的微小汞珠，应尽快撒上硫黄粉，使其化合成毒性较小的硫化汞后清除干净；或喷上用盐酸酸化过的 1% 高锰酸钾溶液（每升高锰酸钾溶液中加 5mL 浓盐酸），过 1~2 小时后再清除；或喷上 20% 三氯化铁的水溶液，待干后再清除干净。

如果室内汞蒸气浓度超过 0.01mg/m³，可用碘净化。即将碘加热或自然升华，碘蒸气与空气中的汞及吸附在墙壁上、地面上、天花板上及器物上的汞作用生成不易挥发的碘化汞，然后彻底清扫干净。实验中产生的含汞废气可用导管通入高锰酸钾吸收液内，经吸收后排出。

含汞废液可先调 pH 至 8~10，加入过量硫化钠，使其生成硫化汞沉淀，再加入硫酸亚铁作为共沉淀剂，生成的硫化铁沉淀将悬浮在水中被难以沉降的硫化汞微粒吸附而共沉淀，然后静置，分离或经离心过滤，清液可排放，残渣可用焙烧法回收汞或制成汞盐。

(2)含铅、镉废液的处理：对含铅、镉废液的处理采用混凝沉淀法、中和沉淀法。因此可向废液中加碱或石灰乳，将废液的 pH 调到 8~10，使废液中的 Pb^{2+}、Cd^{2+} 生成氢氧化铅和氢氧化镉沉淀，并加入硫酸亚铁作为共沉淀剂，清液可排放，沉淀物与其他无机物混合，进行烧结处理。

(3)含铬废液的处理：铬酸洗液经多次使用后，Cr^{6+} 逐渐被还原为 Cr^{3+}，同时洗液被稀释，酸度降低，氧化能力逐渐降低至不能使用。此废液可在 110~130℃ 下不断搅拌，加热浓缩，除去水分，冷却至室温。边搅拌边缓慢加入高锰酸钾粉末，直至溶液呈深褐色或微紫色(每 1000mL 废液加入 10g 左右高锰酸钾粉末)，加热至有二氧化锰沉淀出现，稍冷，用玻璃砂芯漏斗过滤，除去二氧化锰沉淀后即可使用。

含铬废液中加入还原剂如硫酸亚铁、亚硫酸氢钠、二氧化硫、水合肼，或者废铁屑，在酸性条件下可将 Cr^{6+} 还原为 Cr^{3+}，然后加入碱如氢氧化钠、氢氧化钙、碳酸钠、石灰等，调节 pH，使 Cr^{3+} 形成低毒的氢氧化铬沉淀。分离沉淀，清液可排放，沉淀经脱水干燥后，或综合利用，或用焙烧法处理，使其与煤渣和煤粉一起焙烧，处理后的铬渣可填埋。如果将废水中的铬离子形成铁氧体(使铬镶嵌在铁氧体中)，则不会产生二次污染。

(4)含砷废液的处理：在含砷废液中加入氧化钙，调节并控制 pH 为 8，生成砷酸钙和亚砷酸钙沉淀，若有 Fe^{3+} 存在时可起共沉淀作用；也可将含砷废液 pH 调至 10 以上，加入硫化钠与砷反应生成难溶、低毒的硫化物沉淀。能产生少量含砷气体的实验应在通风橱中进行，使有毒气体及时排出室外，避免污染实验室环境。

(5)含氰废液的处理：低浓度的氰化物废液可加入氢氧化钠调节 pH 至 10 以上，再加入 3% 的高锰酸钾溶液，使 CN^- 氧化分解。如果氰化物浓度较高，可用碱性氯化法处理，先用碱溶液将 pH 调至 10 以上，加入次氯酸钠或漂白粉，经充分搅拌，氰化物被氧化分解为 CO_2 和 N_2，放置 24 小时排放。应特别注意含氰化物废液切不可与酸混合，否则会发生化学反应，生成 HCN 气体逸出，造成中毒事故。

(6)废酸、废碱的处理：酸、碱废液在化学实验室内最常见。无机酸、碱废液通常含有盐酸、硝酸、硫酸、氢氧化钠、氢氧化钾、碳酸钠等。对于无机废酸、废碱，可以根据酸碱中和反应的原理进行处理。浓酸、浓碱等虽然无毒，但大量的浓酸、浓碱不经处理，沿下水道流走，既会对管道产生很强的腐蚀，又会造成水质的严重污染。故浓酸、浓碱平时应分开贮存，定期混合后进行中和处理至 pH 在 6.5~8.5，达到排放标准后再排放。

2. 有机化学实验室废弃物的绿色化处置

(1)含胺类有机废液的处理：含胺类有机废液主要来自于染(颜)料中间体、药物中间体等实验。苯胺类能损害造血系统、泌尿系统和神经系统，也能使皮肤发生各种接触性皮炎。用络合萃取法对含胺类有机废液进行萃取，具有相当高的 COD 去除率，废水的各项指标均达到了实验室排放要求，并且工艺简单、设备投资少、运行成本低、操作方便。浓度较低的含苯胺类的废液可加入次氯酸钠、臭氧、过氧化氢等进行氧化处理；浓度较高的含苯胺类的废液，可用醋酸丁酯及粗汽油萃取。

(2)芳烃硝化废水的处理：芳烃硝化废水主要来源于芳基硝化实验。芳基硝化实验一般采用的是混酸硝化方法，过程中产生的污染物主要包括 2-硝基酚、4-硝基酚、4,6-二硝基甲酚、2,4-二硝基酚、2,6-二硝基甲苯、2,6-二硝基甲酚和硝基苯等数十种污染物。废水毒性强，处理难，呈深酱色，气味难闻，含酚浓度达 0.004mg/L 以上，COD 达 1100mg/L，属于高浓度有机废水。实验室处理法包括活性炭、磺化煤等吸附法，及络合萃取剂萃取法和化学氧化法等，其中吸附法处理硝基废水具有工艺流程短、操作简单、处理效率高的特点，适合实验室操作。

(3)含酚废液的处理：酚属剧毒类细胞原浆毒物，低浓度能使蛋白质变性，高浓度能使蛋白质沉淀，对各种细胞有直接损害，对皮肤和黏膜有强烈的腐蚀作用。废液中挥发酚类最高容许排放浓度为 0.5mg/L。低浓度的含酚废液，用吸附法、溶剂萃取法或氧化分解法处理。例如，可加入次氯酸钠或漂白粉煮一下，使酚分解为二氧化碳和水。当存在含酚量过高的废液时，可采用醋酸丁酯萃取，再加少量的氢氧化钠溶液反萃取，经调节 pH 后进行蒸馏回收。处理后的废液用 4-氨基安替比林分光光度法检测后排放。如果是可燃性物质，可用焚烧法处理。

(4)含醛、酮类的废液：对低沸点、挥发性强的醛类或酮类废液，可用蒸馏法回收利用。活性炭能吸附除去少量的醛类。对于醛类、酮类废液，主要有以下几种处理方法：①通常用 $KMnO_4$ 将醛、酮类氧化成羧酸类物质。另外，还可以与过量的亚硫酸氢钠发生反应生成盐。②对于甲基酮类化合物，还可与过量的次氯酸钠($NaClO$)反应生成盐类。含甲醛的废液能被 H_2O_2 氧化生成 H_2、H_2O、甲酸，反应温和而缓慢。在甲醛废液中加入石灰乳或 NaOH 溶液碱性催化，H_2O_2 的用量可减至原来的 1/3，只需 30 分钟即可将废液中的甲醛全部清除。Fenton 试剂或次氯酸钠也可将甲醛氧化为 CO_2。乙醛与不饱和的低分子量的醛废液可用少量石灰处理，使之成为无毒的多元醇的衍生物，如己糖等。

(5)含苯废液的处理：苯为中等毒性物质，一般以蒸气形式吸入或经皮肤吸收而引起中毒。急性中毒主要对中枢神经系统有毒害；慢性中毒可引起白血病且对骨髓也有不良影响。含苯的废液可回收利用，也可采用焚烧法来处理。对于少量的含苯废液，可将其置于铁器内，放到室外空旷的地方点燃，但操作者必须站在上风向，持长棒点燃含苯废液，并监视其至完全燃尽为止。

(6)石油醚类废液的处理：将石油醚废液用浓硫液(石油醚的 1/10)洗一次，再用

10%氢氧化钠溶液和5%高锰酸钾各洗涤一次，然后用纯水洗涤2次，除去水层，用无水氯化钙或无水硫酸钠干燥，过滤，在水浴上蒸馏，收集60~90℃的馏分保存备用。

（7）含有机磷废液的处理：此类废液包括磷酸、亚磷酸、硫代磷酸及磷酸酯类、磷化氢类以及磷系农药等物质的废液。对其浓度高的废液进行焚烧处理（因含难于燃烧的物质多，故可与可燃性物质混合进行焚烧）；对浓度低的废液，经水解或溶剂萃取后，用吸附法进行处理。

（8）含氯仿和四氯化碳废液的处理：三氯甲烷、四氯化碳主要损害中枢神经系统，具有麻醉作用，且对心、肝、肾也有损害。采用分光光度法对砷、挥发酚、阴离子洗涤剂等进行分析时，要用到氯仿（三氯甲烷），比色结束后含有氯仿的废液毒性较强。处理时将氯仿废液置于分液漏斗中，依次用纯水、浓硫酸（用量为氯仿的1/10）、纯水、盐酸羟胺（0.5%）洗涤。用重蒸馏水洗后，再用无水碳酸钾脱水，放置几天，过滤后蒸馏，收集61~62℃的馏分。另外，可采用活性炭吸附法将废水中的有机氯化物降至较低含量，但是处理成本较高。对矿物油分析时使用四氯化碳，该废液毒性较强，不能随意倾倒，应回收利用。处理时将含有铜试剂的四氯化碳置于分液漏斗中，用纯水洗2次，再用无水氯化钙干燥，过滤后蒸馏，水浴温度控制在90~95℃，收集76~78℃的馏分。

第二章　无机及分析化学实验

第一节　基础性实验

实验一　灯的使用、玻璃管的操作及塞子钻孔

【实验目的】

1. 了解煤气灯、酒精灯、酒精喷灯的构造并掌握其正确的使用方法。
2. 学会截、弯、拉、熔光玻璃管的操作。
3. 学习制作小玻璃管、滴管和洗瓶。
4. 练习塞子钻孔的基本操作。

【实验原理】

常用的酒精喷灯有座式和挂式两种，火焰温度在 8000℃ 左右，最高温度可达 10000℃，每小时耗用酒精约 400mL。

简单的玻璃加工操作通常是指玻璃管(棒)的截断、圆口、弯曲或拉伸。截断是用锉刀按照正确的操作方式。玻璃管(棒)的圆口、弯曲或拉伸是利用酒精喷灯加热使玻璃达到熔点后进行的一系列操作。

【实验仪器及试剂】

煤气灯、酒精喷灯(或酒精灯)、石棉网、锉刀、打孔器、量角器、玻璃管、聚乙烯塑料管、橡皮胶头(胶冒)、玻璃棒、橡皮塞。

【实验步骤】

1. **灯的使用**

(1)观察煤气灯、酒精灯和酒精喷灯各部分的构造。

(2)正确点燃煤气灯，观察正常火焰的颜色。把一张硬纸片竖直插入火焰中部，

1～2秒后取出，观察纸片被烧焦的部位和程度。

观察到纸片的上部烧焦程度最大，中部次之，下部最弱。说明外焰和内焰之间的温度最高，内焰次之，焰芯温度最低。

（3）用一根玻璃管伸入焰心，用火柴点燃玻璃管另一端逸出的气体。气体燃烧，火焰呈淡蓝色，说明焰心有尚未燃烧完全的物质，如一氧化碳、甲烷等与空气的混合物等。

（4）正确关闭煤气灯。

2. 玻璃管的简单加工及操作要点

（1）截断：锉刀只能向前或向后锉，不能来回锉。挫出的凹痕应与玻璃管（棒）垂直，这样才能保证截断后的玻璃管（棒）截面是平整的。然后双手持玻璃管（棒），两拇指齐放在凹痕背面，并轻轻地由凹痕背面向外推折，同时两食指和拇指将玻璃管（棒）向两边拉，如此将玻璃管（棒）截断。如截面不平整，则不合格。

（2）熔光：切割的玻璃管（棒），其截断面的边缘很锋利，容易割破皮肤、橡皮管或塞子，所以必须放在火焰中熔烧，使其平滑，该操作称为熔光（或圆口）。将玻璃管（棒）的截断面插入火焰中熔烧。熔烧时，玻璃管与火焰的夹角一般为45°，并不断转动玻璃管（棒），直至管口变成红热平滑为止。熔烧时，加热时间过长或过短都不好，过短，管（棒）口不平滑；过长，管径会变小。转动不均匀，会使管口不圆。灼热的玻璃管（棒），应放在石棉网上冷却。切不可直接放在实验台上，以免烧焦台面；也不要用手去摸，以免烫伤。

（3）弯曲

第一步，烧管。先将玻璃管用小火预热一下，然后双手持玻璃管，将要弯曲的部位斜插入喷灯（或煤气灯）火焰中，以增大玻璃管的受热面积（也可在灯管上罩鱼尾灯头扩展火焰，以增大玻璃管的受热面积）。若灯焰较宽，也可将玻璃管平放于火焰中，同时缓慢而均匀地转动玻璃管，使之受热均匀。两手用力均等，缓慢转动，以免玻璃管在火焰中扭曲。加热至玻璃管发黄变软时，即可自火焰中取出，进行弯管。

第二步，弯管。将变软的玻璃管挪离火焰后稍等一两秒钟，使各部温度均匀，用"V"字形手法（两手在上方，玻璃管的弯曲部分在两手中间的正下方）缓慢将其弯成所需的角度。弯好后，待其冷却变硬后才可将其放在石棉网上继续冷却。冷却后，应检查其角度是否准确，整个玻璃管是否处于同一平面上。120°以上的角度，可一次弯成。但弯制较小角度的玻璃管，或灯焰较窄，玻璃管受热面积较小时，需分几次弯制（切不可一次完成，否则弯曲部分的玻璃管会变形）。先弯成一个较大的角度，然后在第一次受热弯曲部位的偏左、偏右处进行第二次加热弯曲，如此进行第三次、第四次加热弯曲，直至弯成所需的角度为止。

（4）制备毛细管和滴管

第一步，烧管。拉细玻璃管时，加热玻璃管的方法与弯玻璃管时基本一致。拉细玻璃管技术的关键是使加热面上的各部分受热均匀。

第二步，拉管。待玻璃管烧成红黄色软化状态时才移离火焰，两手顺着水平方向边拉边旋转玻璃管，当拉到所需要的细度时，一手持玻璃管使玻璃管垂直下垂。冷却后，可按需要长短截断，形成两个尖嘴管。如果要求细管部分具有一定的厚度，应在加热过程中当玻璃管变软后，将其轻缓向中间挤压，减短其长度，使管壁增厚，然后按上述方法拉细。

第三步，制滴管的扩口。将未拉细的另一端玻璃管口以 40°角斜插入火焰中加热，并不断转动。待管口灼烧至红热后，用金属锉刀柄斜放入管口内迅速而均匀地旋转，将其管口扩大。另一扩口的方法是待管口烧至稍软化后，将玻璃管口垂直放在石棉网上，轻轻向下按一下，将其管口扩开。冷却后，安上胶头即成滴管。

3. 塞子钻孔及操作要点

（1）练习塞子钻孔操作：①橡皮塞：选择外径稍大于拟插入玻璃管外径的打孔器。②胶木塞：选择外径稍小于拟插入玻管外径的打孔器。

（2）根据硬质试管的口径大小选择橡皮塞，按所弯制的直角管管径大小打孔，用于氢气的制备实验。

（3）正确选择塞子和掌握塞子钻孔的方法：容器上常用的塞子有软木塞、橡皮塞和玻璃磨口塞。软木塞易被酸或碱腐蚀，但与有机物的作用较小。橡皮塞可以把容器塞得很严密，但对装有机溶剂和强酸的容器并不适用。相反，盛碱性物质的容器常用橡皮塞。玻璃磨口塞不仅能把容器塞得紧密，且除氢氟酸和碱性物质外，可作为盛装一切液体或固体容器的塞子。为了能在塞子上装置玻璃管、温度计等，塞子需预先钻孔。如果是软木塞可先经压塞机压紧，或用木板在桌子上碾压，以防钻孔时塞子开裂。常用的钻孔器是一组直径不同的金属管，一端有柄，另一端很锋利，可用来钻孔。另外，还有一根带柄的铁条，在钻孔器金属管的最内层管中，称为捅条，用来捅出钻孔时嵌入钻孔器中的橡皮或软木。

1）塞子大小的选择：塞子的大小应与仪器的口径相适合，塞子塞进瓶口或仪器口的部分不能少于塞子本身高度的 1/2，也不能多于 2/3。

2）钻孔器大小的选择：选择一个比要插入橡皮塞的玻璃管口径略粗一点儿的钻孔器，因为橡皮塞有弹性，孔道钻成后由于收缩会使孔径变小。

3）钻孔的方法：将塞子小头朝上平放在实验台上的一块垫板上（避免钻坏台面），左手用力按住塞子，不得移动，右手握住钻孔器的手柄，并在钻孔器前端涂甘油或水。将钻孔器按在选定的位置上，沿一个方向，一面旋转一面用力向下钻动。钻孔器要垂直于塞子，不能左右摆动，更不能倾斜，以免将孔钻斜。钻至深度约达塞子高度的一半时，反方向旋转并拔出钻孔器，用带柄捅条捅出嵌入钻孔器中的橡皮或软木。然后调换成塞子大头，对准原孔的位置，按同样的方法钻孔，直到两端的圆孔贯穿为止；也可以不调换塞子的方向，仍按原孔直接钻通到垫板为止。拔出钻孔器，再捅出钻孔器内嵌入的橡皮或软木。

孔钻好以后，检查孔道是否合适。如果选用的玻璃管可以毫不费力地插入塞孔中，说明塞孔太大，塞孔和玻璃管之间不够严密，塞子不能使用。若塞孔略小或不光滑，可用圆锉适当修整。

4）玻璃导管与塞子的连接：将选定的玻璃导管插入并穿过已钻孔的塞子，一定要使插入的导管与塞孔严密套接。先用右手拿住导管靠近管口的部位，并用少许甘油或水将管口润湿，然后左手拿住塞子，将导管口略插入塞子，再用柔力慢慢将导管转动着逐渐旋转进入塞子，并穿过塞孔至所需的长度为止；也可以用布包住导管，将导管旋入塞孔。如果用力过猛或手持玻璃导管离塞子太远，都有可能将玻璃导管折断，刺伤手掌。

4. 实验用具的制作

（1）小试管的玻璃棒：切取 18cm 长的小玻璃棒，将中部置火焰上加热，拉细到直径约为 1.5mm 为止，冷却后用三角锉刀在细处切断，并将断处熔成小球。将玻璃棒另一端熔光，冷却，洗净后便可使用。

（2）乳头滴管：切取 26cm 长（内径约 5mm）的玻璃管，将中部置火焰上加热，拉细玻璃管。要求玻璃管细部的内径为 1.5mm，毛细管长约 7cm，切断并将断口熔光。将尖嘴管的另一端加热至软化，然后在石棉网上压一下，使管口外卷，冷却后，套上橡胶乳头即制成乳头滴管。

（3）洗瓶：准备 500mL 聚氯乙烯塑料瓶一个，适合塑料瓶瓶口大小的橡皮塞一个，33cm 长玻璃管一根（两端熔光）。

1）按前面介绍的塞子钻孔的操作方法，将橡皮塞钻孔。

2）依次将 33cm 长的玻璃管一端 5cm 处在酒精喷灯上加热后拉一尖嘴，弯成 60°角，插入橡皮塞塞孔后，再将另一端弯成 120°角（注意两个弯角的方向），即制成一个洗瓶。

【注意事项】

1. 切割玻璃管、玻璃棒时要防止划破手。

2. 使用液化气喷灯前，必须先准备一块湿抹布备用。

3. 灼热的玻璃管、玻璃棒，要按先后顺序放在石棉网上冷却。切不可直接放在实验台上，防止烧焦台面；未冷却之前，也不要用手触摸，防止烫伤手。

4. 装配洗瓶时，拉好玻璃管尖嘴，弯成 60°角后，先装橡皮塞，再弯 120°角，并且注意 60°角与 120°角在同一方向、同一平面上。

5. 玻璃管弯制时，先用废管练习，然后再用配发的玻璃管按要求切割、弯制。

6. 弯制大于 90°的玻璃弯管可一次弯成；弯制小于或等于 90°的玻璃弯管可多次完成。

【思考题】

1. 熄灭煤气灯与熄灭酒精灯有何不同？为什么？

2. 不正常火焰有几种？若实验中出现不正常火焰，如何处理？

3. 有人说，实验中用小火加热，就是用还原焰加热，因还原焰温度相对较低。这种说法对吗？用还原焰直接加热反应容器会出现哪些问题？

4. 将玻璃管插入已打好孔的塞子时，要注意哪些问题？

实验二　分析天平的称量练习

【实验目的】

1. 学习分析天平的基本操作和常用称量方法。
2. 培养整齐简明地记录实验原始数据的习惯。

【实验原理】

电子天平是最新一代的天平，是根据电磁力平衡原理直接进行称量，全量程不需砝码，放上被称物后，数秒即达平衡，显示读数，称量速度快、精度高。其操作基本过程为：水平调节→预热→开启显示器→校准→称量→去皮称量→关闭显示器。通常使用两次称量之差得到试样质量，即差减法。

【实验仪器及试剂】

分析天平、台秤、称量瓶、小烧杯、重铬酸钾粉末试样。

【实验步骤】

用差减法称取 $0.3 \sim 0.4g$ 试样两份。

1. 取两个干净的小烧杯，分别在分析天平上称取质量，记为 m_0 和 m_0'。
2. 取一个干净的称量瓶，先在台秤上粗称其大致质量，然后加入 $1.2g$ 试样。在分析天平上准确称其质量 m_1。估计一下样品的体积，转移 $0.3 \sim 0.4g$ 试样到第一个已知质量的小烧杯中，称量并记录称量瓶和剩余试样的质量 m_2。以同样方法再转移 $0.3 \sim 0.4g$ 试样到第二个小烧杯中，再次称量称量瓶和剩余试样的质量 m_3。
3. 分别准确称量两个已有试样的小烧杯质量 m_1' 和 m_2'。
4. 记录数据于表 2-1。

表 2-1　称量练习记录表

称量瓶和试样的质量(g)	试样序号	试样质量(g)
$m_1 =$		
$m_2 =$	1	$m_1 - m_2 =$
$m_3 =$	2	$m_2 - m_3 =$
$m_4 =$	3	$m_3 - m_4 =$

【思考题】

1. 什么情况下用直接称量法？什么情况下用递减称量法？
2. 用递减法称取试样，若称量瓶内的试样吸湿，将对称量结果造成什么误差？若试样倾倒入烧杯内以后再吸湿，对称量是否有影响？

实验三　葡萄糖干燥失重的测定

【实验目的】

1. 通过本实验进一步巩固分析天平的称量操作。
2. 掌握干燥失重的测定方法。
3. 明确恒重的意义。

【实验原理】

应用挥发重量法，将试样加热，使其中水分及挥发性物质逸去，再称出试样减失后的重量。

【实验仪器及试剂】

分析天平、称量瓶、干燥器、药匙、干燥箱、变色硅胶。葡萄糖试样。

【实验步骤】

1. 称量瓶的干燥恒重

将洗净的称量瓶置于恒温干燥箱中，打开瓶盖并放于称量瓶旁，于105℃进行干燥。取出称量瓶，加盖，置于干燥器中冷却（约30分钟）至室温。精密称量重量至恒重。

2. 试样干燥失重的测定

取混合均匀的试样1g（若试样结晶较大，应先迅速捣碎使其成2mm以下的颗粒），平铺于已恒重的称量瓶中，厚度不可超过5mm，加盖，精密称定重量。置于干燥箱中，打开瓶盖，逐渐升温，并于105℃干燥，直至恒重。

【实验数据和结果】

根据试样干燥前后的重量，按下列公式计算试样的干燥失重：

$$葡萄糖干燥失重(\%) = \frac{S - W}{S} \times 100\%$$

公式中：S—— 干燥前试样的质量（g）；

W——干燥后试样的质量（g）。

表 2 – 2　称量记录表

编号	称量瓶质量（g）	（干燥前试样 + 称量瓶）质量(g)	（干燥后试样 + 称量瓶）质量(g)	葡萄糖干燥失重（%）	葡萄糖干燥失重平均值（%）
1					
2					
3					

【注意事项】

1. 试样在干燥器中冷却时间每次应相同。

2. 称量应迅速，以免干燥的试样或器皿在空气中久置吸潮而不易达到恒重。

3. 葡萄糖受热温度较高时可能溶化于吸湿水及结晶水中，因此测定本品干燥失重时，宜先于较低温度(60℃左右)干燥一段时间，使大部分水分挥发后再在105℃下干燥至恒重。

【思考题】

1. 什么叫干燥失重？加热干燥适宜于哪些药物的测定？

2. 什么叫恒重？影响恒重的因素有哪些？恒重时，几次称量数据中哪一次为实重？

实验四　溶液的配制

【实验目的】

1. 掌握溶液的质量分数、质量摩尔浓度、物质的量浓度等的一般配制方法和基本操作。

2. 学习比重计、移液管、容量瓶的使用方法。

3. 了解特殊溶液的配制方法。

4. 掌握台秤、量筒、烧杯等仪器的使用方法。

【实验原理】

在化学实验以及日常生产中，常常要配制各种溶液来满足不同的要求。根据实验对溶液浓度准确性的要求不同，可采用不同的仪器进行配制。若准确性要求不高，一般使用台称、量筒、带刻度的烧杯等低准确度的仪器即可进行粗略配制；若对溶液浓度的准确性要求较高，则在配制溶液时必须采用精确度较高的分析天平、移液管、容量瓶等仪器进行准确配制。无论是精确配制还是粗略配制，都应计算出所用试剂的用量，包括固体试剂的质量、液体试剂的体积，然后进行配制。

【实验仪器及试剂】

分析天平、比重计、量筒(50mL)、试剂瓶、称量瓶、台秤、烧杯(50mL、100mL)、移液管(50mL 或分刻度的移液管)、容量瓶(50mL、100mL)。$CuSO_4 \cdot H_2O$、NaCl、KCl、$CaCl_2$、$NaHCO_3$、$SbCl_3$、浓硫酸、2mol/L 醋酸、浓盐酸。

【实验步骤】

1. 用硫酸铜晶体粗略配制 50mL 0.2mol/L 的 $CuSO_4$ 溶液。

2. 配制铬酸溶液 30mL。

3. 粗略配制 50mL 3mol/L 的 H_2SO_4 溶液。

4. 由已知准确浓度为 2.00mol/L 的 HAc 溶液配制 50mL 0.200mol/L HAc 溶液。

5. 配制 50mL $NH_3 - NH_4Cl$ 缓冲溶液。

【注意事项】

1. 固体试剂的取用

用干净、干燥的药匙(两端都可使用)取试剂。应专匙专用。不要超过指定用量取药,多取不能放回原瓶。取一定量固体试剂,可在称量纸上称量。腐蚀性或易潮解的固体应放在表面皿上或玻璃容器内称量;向试管中加入固体时,可用药匙或纸片伸入试管的 2/3 处。加块状固体,应倾斜试管,使其沿管壁慢慢滑下。

2. 液体试剂的取用

从滴瓶中取用试剂,不能将滴管伸入所用容器。滴管不能横放或管口向上倾斜。从细口瓶中取试剂,用倾注法。瓶盖倒放,标签朝向手心。加入烧杯中要用玻璃棒引流。倒入试管中的量不超过其容积的 1/3。

3. 分清是粗略配制还是精确配制,然后决定采用何种称量方式,使用何种仪器。

【思考题】

1. 配制时烧杯中先加水还是先加酸?为什么?

2. 用容量瓶配制溶液时,要不要将容量瓶干燥?要不要用被稀释溶液润洗三遍?为什么?

3. 怎样洗涤移液管?用水洗净后的移液管在使用前还要用吸取的溶液洗涤么?为什么?

4. 某同学在配制硫酸铜溶液时,用分析天平称取硫酸铜晶体,用量筒量取水配成溶液。此操作是否正确?为什么?

实验五　弱酸电离常数的测定(pH 法)

【实验目的】

1. 掌握 pH 法测定弱酸解离平衡常数的原理和方法。
2. 学会使用酸度计。

【实验原理】

醋酸在水溶液中存在下列电离平衡:

$$HAc \rightleftharpoons H^+ + Ac^-$$

其电离常数的表达式为:

$$K_{HAc} = \frac{c(H^+)c(Ac^-)}{c(HAc)} \tag{1}$$

设醋酸的起始浓度为 c，平衡时 $c(H^+) = c(Ac^-) = x$，代入上式(1)，可得到：

$$K_{HAc} = \frac{x^2}{c - x} \tag{2}$$

在一定温度下，用酸度计测定一系列已知浓度的醋酸的 pH。根据 $pH = -\lg c(H^+)$，换算出 $c(H^+)$，代入式(2)中，可求得一系列对应的 K_{HAc} 值。取其平均值，即为该温度下醋酸的电离常数。

【实验仪器及试剂】

酸度计、复合电极、50mL 烧杯、50mL 量筒。HAc 溶液(已标定)、缓冲溶液(定位液 pH = 4.01)。

【实验步骤】

1. 配制不同浓度的醋酸溶液

用 50mL 量筒量取已标定的 HAc 溶液 25mL、10mL、5mL，分别倒入 3 个干燥的 50mL 烧杯中；然后分别加入 25mL、40mL、45mL 蒸馏水，摇匀。求出上述 3 种 HAc 溶液的浓度，编为 2~4 号，已标定的 HAc 溶液编为 1 号。

表 2-3 不同浓度的 HAc 溶液

烧杯标号	HAc 的体积(已标定)	加 H_2O 的体积	配制 HAc 的浓度
1	50mL	0mL	
2	25mL	25mL	
3	10mL	40mL	
4	5mL	45mL	

2. 醋酸溶液 pH 的测定

将上述 1~4 号烧杯由稀到浓，分别用 pH S-25 型酸度计测定其 pH，并记录各溶液的 pH 及实验时的温度，计算出溶液中 HAc 的电离常数。

【思考题】

1. 本实验中测定 HAc 电离常数的原理是什么？

2. 若改变所测 HAc 溶液的浓度或温度，对电离常数有无影响？

3. 怎样配制不同浓度的 HAc 溶液？如何计算？

4. 弱电解质的电离度与溶液的 $c(H^+)$ 和溶液浓度之间的关系如何？如何知道酸度计已校正好？

附：酸度计（pH S-25 型）的结构和使用方法

1. 外部结构（见图 2 −1）

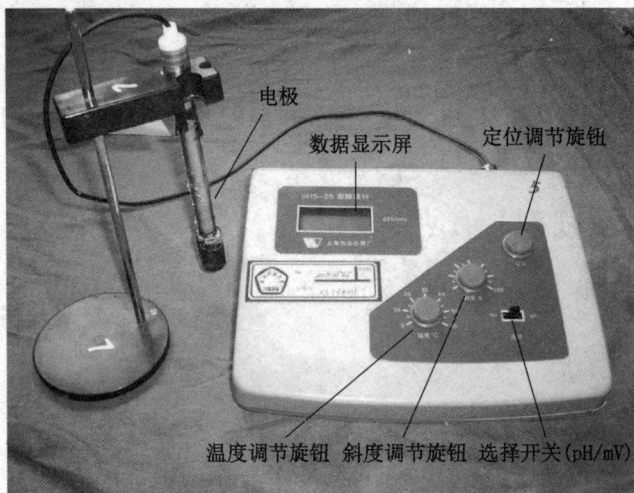

图 2 − 1　酸度计外部结构图

2. 操作步骤

（1）开机：按下电源开关，电源接通后，预热 10 分钟。

（2）仪器选择开关置"pH"档或"mV"档。

（3）标定：仪器使用前要先标定。一般来说，如果仪器连续使用，只需最初标定一次，具体操作分为两种：

1）一点校正法：用于分析精度要求不高的情况。

①仪器插上电极，选择开关置于"pH"档。

②仪器斜率调节器在 100% 位置（即顺时针旋到底的位置）。

③选择一种最接近样品 pH 的缓冲溶液（pH = 7）。将电极放入该缓冲溶液中，调节温度调节器，使其所指示的温度与溶液的温度相同，并摇动试杯，使溶液均匀。

④待读数稳定后，该读数应为缓冲溶液的 pH，否则需调节定位调节器。

⑤清洗电极，并吸干电极球泡表面的余水。

2）二点校正法：用于分析精度要求较高的情况。

①仪器插上电极，选择开关置于"pH"档，仪器斜率调节器在 100% 位置。

②选择两种缓冲溶液（即被测溶液的 pH 在两种缓冲液之间或接近的情况，如 pH = 4 和 pH = 7）。

③将电极放入第一缓冲溶液（pH = 7）中，调节温度调节器，使其所指示的温度与溶液相同。

④待读数稳定后，该读数应为缓冲溶液的 pH，否则需调节定位调节器。

⑤将电极放入第二种缓冲溶液（如 pH = 4），摇动试杯使溶液均匀。

⑥待读数稳定后，该读数应为缓冲溶液的 pH，否则需调节定位调节器。

⑦清洗电极，并吸干电极球泡表面的余水。

（4）测量仪器标定后即可用来测量被测溶液。

①定位调节旋钮及斜率调节旋钮不应变动。

②将电极夹向上移出，用蒸馏水清洗电极头部，并用滤纸吸干。

③将电极插在被测溶液内，摇动试杯使溶液均匀，读数稳定后，读出该溶液的 pH。

实验六　容量仪器的校准

【实验目的】

1. 了解容量仪器校准的意义。学习容量仪器校准的方法。
2. 初步掌握滴定管、容量瓶的校准及移液管和容量瓶的相对校准。

【实验原理】

滴定管、移液管和容量瓶是分析实验中常用的玻璃量器，都具有刻度和标称容量。量器产品都允许有一定的容量误差。在准确度要求较高的分析测试中，对使用的一套量器进行校准是完全必要的。

校准的方法有称量法和相对校准法。称量法的原理是用分析天平称量被校量器中量入或量出的纯水的质量（m），再根据纯水的密度（ρ）计算出被校量器的实际容量。

有时只要求两种容器之间有一定的比例关系，而无须知道它们各自的准确体积，这时就可用相对校准法。经常配套使用的移液管和容量瓶，采用相对校准法更为重要。例如，用 25mL 的移液管移取蒸馏水于干净且倒立晾干的 100mL 容量瓶中，到第 4 次重复操作后，观察瓶颈处水的弯月面下缘是否刚好与刻线上缘相切。若不相切，应重新做一记号为标线，以后此移液管和容量瓶配套使用时就使用校准后的标线。

【实验仪器及试剂】

分析天平、滴定管、容量瓶、移液管、锥形瓶、带磨口的玻璃塞。蒸馏水。

【实验步骤】

1. 滴定管的校准（称量法）

将已洗净且外表干燥的 50mL 烧杯放在分析天平上称量，得到空瓶质量 $m_{瓶}$，记录至 0.001g。

再将已洗净的滴定管盛满纯水，调至 0.00mL 刻度处。从滴定管中放出一定体积的纯水（记为 V_0）。如放出 5mL 纯水于已称量的锥形瓶中，盖紧塞子，称出"瓶 + 水"的质量 $m_{瓶+水}$。两次质量之差即为放出纯水的质量 $m_{水}$。用相同方法称量滴定管从 0 ~ 10mL、0 ~ 15mL、0 ~ 20mL、0 ~ 25mL 等刻度间的 $m_{水}$。用实验时水温水的密度来除每次的 $m_{水}$，即可得到滴定管各部分的实际容量 V_{20}。重复校准一次，两次相应区间的水的质量相差应小于 0.02g，求出平均值，并计算出校准值 $\Delta V(V_{20} \sim V_0)$。以 V_0 为横坐标，ΔV 为纵坐标，绘制滴定管校准曲线。

现将一支 50mL 的滴定管在水温 21℃校准的部分实验数据列于表 2 - 4。

表 2 - 4   50mL 滴定管校正表(水温 21℃，$\rho = 0.99700g/mL$)

V_0 (mL)	$m_{瓶+水}$ (g)	$m_瓶$ (g)	$m_水$ (g)	V_{20} (mL)	$\Delta V_{校正值}$ (mL)
0.00 ~ 5.00	34.148	29.207	4.941	4.96	-0.04
0.00 ~ 10.00	39.317	29.315	10.002	10.03	+0.03
0.00 ~ 15.00	44.304	29.350	14.954	15.00	0.00
0.00 ~ 20.00	49.395	29.434	19.961	20.02	+0.02
0.00 ~ 25.00	54.286	29.383	24.903	24.98	-0.02
……					

2. 移液管和容量瓶的相对校准

用洁净的 25mL 移液管移取纯水于干净且晾干的 100mL 容量瓶中，重复操作 4 次后，观察液面的弯月面下缘是否恰好与标线上缘相切。若不相切，则用胶布在瓶颈上另作标记。在以后实验中，此移液管和容量瓶配套使用时，应以新标记为准。

【思考题】

分段校准滴定管时，为何每次都要从 0.00mL 开始?

第二节   化学元素性质实验

实验一   碱金属和碱土金属的性质

【实验目的】

1. 学习钠、钾、镁、钙单质的主要性质。
2. 比较镁、钙、钡的碳酸盐、铬酸盐和硫酸盐的溶解性。
3. 比较锂和镁的某些盐类的难溶性。
4. 观察焰色反应并掌握其实验方法。

【实验原理】

碱土金属(M)在空气中燃烧时，生成正常氧化物 MO，同时生成相应的氮化物 M_3N_2。这些氮化物遇水时能生成氢氧化物，并放出氨气。钠、钾在空气中燃烧分别生成过氧化钠和超氧化钾。碱金属和碱土金属密度较小，由于它们易与空气或水反应，保存时需浸在煤油、液体石蜡中以隔绝空气和水。

碱金属和碱土金属(除铍之外)都能与水反应生成氢氧化物同时放出氢气。反应的激烈程度随金属性增强而加剧。实验时必须十分注意安全，防止钠、钾与皮肤接触，因为钠、钾与皮肤上的湿气作用所放出的热可能引燃金属而烧伤皮肤。

　　碱金属的绝大多数盐类均易溶于水。碱土金属的碳酸盐均难溶于水。锂、镁的氟化物和磷酸盐也难溶于水。

表 2 - 5　碱金属和碱土金属盐类的焰色反应特征颜色

盐类	锂	钠	钾	钙	锶	钡
特征颜色	红	黄	紫	橙红	洋红	绿

【实验仪器及试剂】

　　小刀、镍铬丝、砂纸。H_2SO_4（0.2mol/L）、HCl（2.0mol/L）、HAc（2.0mol/L）、$KMnO_4$（0.01mol/L）、NaCl（0.01mol/L，1.0mol/L）、$MgCl_2$（0.1mol/L）、Na_2CO_3（饱和）、$CaCl_2$（0.1mol/L，0.5mol/L）、$BaCl_2$（0.1mol/L，0.5mol/L）、K_2CrO_4（0.5mol/L）、Na_2SO_4（0.5mol/L）、LiCl（（2.0mol/L）、NaF（1.0mol/L）、Na_3PO_4（1.0mol/L）、KCl（1.0mol/L）、$SrCl_2$（0.5mol/L）、钠(s)、钾(s)、镁(s)、钙(s)、酚酞试液、滤纸、红色石蕊试纸。

【实验步骤】

1. 钠、钾、镁、钙在空气中的燃烧反应

　　(1)用镊子取黄豆粒大小的金属钠，用滤纸吸干表面的煤油，立即放入坩埚中，加热到钠开始燃烧时停止加热，观察焰色；冷却到室温，观察产物的颜色；加 2mL 去离子水使产物溶解，再加 2 滴酚酞试液，观察溶液的颜色；加 0.2mol/L H_2SO_4 溶液酸化后，加 1 滴 0.01mol/L $KMnO_4$ 溶液，观察反应现象；写出有关反应方程式。

　　(2)用镊子取绿豆粒大小的金属钾，用滤纸吸干表面的煤油，立即放入坩埚中，加热到钾开始燃烧时停止加热，观察焰色；冷却到接近室温，观察产物颜色；加去离子水 2mL 溶液产物，再加 2 滴酚酞试液，观察溶液的颜色；写出有关反应方程式。

　　(3)取 0.3g 左右镁粉，放入坩埚中加热，使镁粉燃烧，反应完全后，冷却到接近室温，观察产物颜色；将产物转移到试管中，加 2mL 去离子水，立即用湿润的红色石蕊试纸检查逸出的气体，然后用酚酞试液检查溶液酸碱性；写出有关反应方程式。

　　(4)用镊子取一小块金属钙，用滤纸吸干表面的煤油后，直接在氧化焰中加热，反应完全后，重复实验(3)。

2. 钠、钾、镁、钙与水的反应

　　(1)在烧杯中加去离子水约30mL，取黄豆粒大小的金属钠，用滤纸吸干煤油，放入水中，观察反应情况，检验溶液的酸碱性。

　　(2)取绿豆粒大小的金属钾，重复实验(1)，比较两者反应的激烈程度。为保证安全，当钾放入水中时，应将事先准备的表面皿，立即盖在烧杯上。

　　(3)在两支试管中各加2mL水，一支不加热，另一支加热至沸腾；取两根镁条，用砂纸擦去氧化膜，将镁条分别放入冷、热水中，比较反应的激烈程度，检验溶液的酸

碱性。

（4）取一小块金属钙，用滤纸吸干煤油，使其与冷水反应，比较镁、钙与冷水反应的激烈程度。

3. 盐类的溶解性

（1）在三支试管中分别加入 1mL 0.1mol/L $MgCl_2$ 溶液、0.1mol/L $CaCl_2$ 溶液和 0.1mol/L $BaCl_2$ 溶液，再各加入 5 滴饱和 Na_2CO_3 溶液，静置沉降，弃去清液，验证各沉淀物是否溶于 0.2mol/L HAc 溶液。

（2）在三支试管中分别放入 1mL 0.1mol/L $MgCl_2$ 溶液、0.1mol/L $CaCl_2$ 溶液和 0.1mol/L $BaCl_2$ 溶液，再各加 5 滴 0.5mol/L K_2CrO_4 溶液，观察有无沉淀产生。若有沉淀产生，则分别验证沉淀是否溶于 0.2mol/L HAc 溶液和 2.0mol/L HCl 溶液。

（3）以 0.5mol/L Na_2SO_4 溶液代替 K_2CrO_4 溶液，重复实验（2）。

（4）在两支试管中分别加入 0.5mL 2.0mol/L LiCl 溶液和 0.1mol/L $MgCl_2$ 溶液，再分别加入 0.5mL 1.0mol/L NaF 溶液，观察有无沉淀产生。用饱和 Na_2CO_3 溶液代替 NaF 溶液，重复该实验内容，观察有无沉淀产生。若无沉淀，可加热观察是否产生沉淀。以 1.0mol/L Na_3PO_4 溶液代替 Na_2CO_3 溶液重复上述实验，观察现象如何？

4. 焰色反应

用镍铬丝顶端小圆环蘸上浓 HCl 溶液，在氧化焰中烧至接近无色；再蘸 2.0mol/L LiCl 溶液，在氧化焰中灼烧，观察火焰颜色。以同样的方法观察 1.0mol/L NaCl 溶液、1.0mol/L KCl 溶液、0.5mol/L $CaCl_2$ 溶液、0.5mol/L $SrCl_2$ 溶液和 0.5mol/L $BaCl_2$ 溶液的焰色反应情况；并比较 0.01mol/L NaCl 溶液、1.0mol/L NaCl 溶液和 0.5mol/L Na_2SO_4 溶液焰色反应持续时间的长短。

【注意事项】

1. 镍铬丝最好不要混用；使用前一定要蘸浓 HCl 溶液并烧至近无色。
2. 实验钾盐溶液时，需用蓝色钴玻璃滤掉钠的焰色再进行观察。

【思考题】

1. 为什么碱金属和碱土金属单质一般都放在煤油中保存？
2. 为什么 $BaCO_3$、$BaCrO_4$ 和 $BaSO_4$ 在 HAc 溶液或 HCl 溶液中有不同的溶解情况？为什么说焰色是由金属离子而不是非金属离子引起的？

实验二　氧和硫的性质

【实验目的】

1. 验证过氧化氢的主要性质。
2. 验证硫化氢和硫化物的主要性质。

3. 验证硫代硫酸盐的主要性质。

4. 学会 H_2O_2、S^{2-} 和 $S_2O_3^{2-}$ 的鉴定方法。

【实验原理】

氧、硫是周期系第Ⅵ主族元素。氧是人类生存必需的气体。氢和氧的化合物，除了水以外，还有 H_2O_2。过氧化氢是强氧化剂，但和更强的氧化剂作用时，它又是还原剂。

H_2S 是有毒气体，能溶于水，其水溶液呈弱酸性。在 H_2S 中，S 的氧化值是 -2。H_2S 是强还原剂。S^{2-} 可与金属离子生成金属硫化物沉淀，如 PbS(黑色)。同时，金属硫化物无论易溶还是微溶，均能发生水解反应。

H_2O_2、S^{2-} 和 $S_2O_3^{2-}$ 的鉴定：

(1)在含 $Cr_2O_7^{2-}$ 的溶液中加入 H_2O_2 和戊醇，有蓝色的过氧化物 CrO_5 生成。该化合物不稳定，放置或摇动时便分解。利用这一性质可以鉴定 H_2O_2、$Cr(Ⅲ)$ 和 $Cr(Ⅳ)$，主要反应是：

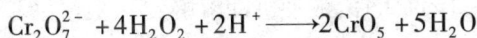
$$Cr_2O_7^{2-} + 4H_2O_2 + 2H^+ \longrightarrow 2CrO_5 + 5H_2O$$

(2)S^{2-} 能与稀酸反应生成 H_2S 气体，借助 $Pb(Ac)_2$ 试纸进行鉴定。另外，在弱碱性条件下，S^{2-} 与 $Na_2[Fe(CN)_5NO]$ [亚硝酸五氰合铁(Ⅱ)酸钠] 反应生成紫红色配合物：

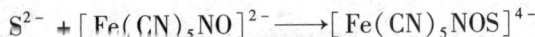
$$S^{2-} + [Fe(CN)_5NO]^{2-} \longrightarrow [Fe(CN)_5NOS]^{4-}$$

(3)$S_2O_3^{2-}$ 与 Ag^+ 反应生成不稳定的白色沉淀 $Ag_2S_2O_3$。在转化为黑色的 Ag_2S 沉淀的过程中，沉淀的颜色变化为白→黄→棕→黑。这是 $S_2O_3^{2-}$ 的特征性反应。

【实验仪器及试剂】

离 心 机。HCl (2.0mol/L, 6.0mol/L)、HNO_3 (浓)、H_2SO_4 (1.0mol/L)、KI (0.1mol/L)、$Pb(NO_3)_2$ (0.5mol/L)、$KMnO_4$ (0.01mol/L)、$K_2Cr_2O_7$ (0.1mol/L)、$FeCl_3$ (0.01mol/L)、Na_2S (0.1mol/L)、$Na_2[Fe(CN)_5NO]$ (1.0%)、$K_4[Fe(CN)_6]$ (0.1mol/L)、$Na_2S_2O_3$ (0.1mol/L)、Na_2SO_3 (0.1mol/L)、$ZnSO_4$ (饱和)、$AgNO_3$ (0.1mol/L)、KBr (0.1mol/L)、$(NH_4)_2S_2O_8$ (0.2mol/L)、$BaCl_2$ (1.0mol/L)、$MnSO_4$ (0.002mol/L)、MnO_2、H_2O_2 (3%)、戊醇、碘水 (0.01mol/L, 饱和)、SO_2 溶液(饱和)、H_2S 溶液(饱和)、品红溶液、淀粉溶液、CCl_4、氯水(饱和)、石蕊试纸、$Pb(Ac)_2$ 试纸。

【实验步骤】

1. 过氧化氢的性质

(1)在试管中加入 $Pb(NO_3)_2$ (0.5mol/L) 溶液，再加 H_2S(饱和)溶液至沉淀生成，离心分离，弃去清液；水洗沉淀后加入 H_2O_2 (3%)溶液，观察沉淀颜色的变化。写出反应方程式。

(2)取适量 H_2O_2 (3%)溶液和戊醇，加入 H_2SO_4 (1mol/L)溶液酸化后，滴加 K_2Cr_2

$O_7(0.1mol/L)$溶液，摇荡试管，观察现象。

2. 硫化氢和硫化物的性质

（1）取适量$KMnO_4(0.01mol/L)$溶液，酸化后，滴加$H_2S(饱和)$溶液，观察有何变化。写出反应方程式。

（2）实验$FeCl_3(0.01mol/L)$溶液和$H_2S(饱和)$溶液的反应，根据现象写出反应方程式。

（3）在试管中加入适量$Na_2S(0.1mol/L)$溶液和$HCl(6.0mol/L)$溶液，微加热，观察实验现象，并在管口用湿润的$Pb(Ac)_2$试纸检查逸出的气体。

3. 硫代硫酸盐的性质

（1）在试管中加入适量$Na_2S_2O_3(0.1mol/L)$溶液和$HCl(6.0mol/L)$溶液，摇荡片刻观察现象，并用湿润的蓝色石蕊试纸检验逸出的气体。

（2）取适量碘水$(0.01mol/L)$，加几滴淀粉溶液，再逐滴加入$Na_2S_2O_3(0.1mol/L)$溶液，观察颜色变化。

（3）在试管中加入适量$AgNO_3(0.1mol/L)$溶液和$KBr(0.1mol/L)$溶液，观察沉淀颜色；然后加入$Na_2S_2O_3(0.1mol/L)$溶液使沉淀溶解。

（4）在点滴板上加2滴$Na_2S_2O_3(0.1mol/L)$溶液，再加$AgNO_3(0.1mol/L)$溶液至产生白色沉淀，利用沉淀物分解时颜色的变化，确认$S_2O_3^{2-}$的存在。

【思考题】

1. 长期放置的H_2S、Na_2S和Na_2SO_3溶液会发生什么变化？为什么？

2. 在鉴定$S_2O_3^{2-}$时，如果$Na_2S_2O_3$比$AgNO_3$的量多，将会出现什么情况？为什么？

实验三　卤素的性质

【实验目的】

1. 掌握卤素的氧化性和卤素离子的还原性。
2. 掌握次卤酸盐及卤酸盐的氧化性。
3. 掌握鉴定Cl^-、Br^-和I^-的方法。
4. 了解卤素的歧化反应。

【实验原理】

氯、溴、碘是周期系第Ⅶ主族元素。它们原子的最外层电子层上有7个电子，容易得到1个电子而生成卤化物。因此卤素都是很活泼的非金属，其氧化值表现为 +1、+3、+5 和 +7。

卤素都是氧化剂，其离子都是还原剂。作为氧化剂的卤素分子的化学活泼性按下列顺序变化：

$$F_2 > Cl_2 > Br_2 > I_2$$

而作为还原剂的卤素阴离子的化学活泼性则按相反的顺序变化：

$$I^- > Br^- > Cl^- > F^-$$

Cl^-、Br^- 和 I^- 能与 Ag^+ 反应生成难溶于水的 $AgCl$（白）、$AgBr$（淡黄）和 AgI（黄）沉淀。它们的溶度积常数依次减小，都不溶于稀 HNO_3。$AgCl$ 在稀氨水或 $(NH_4)_2CO_3$ 溶液中，因生成配离子 $[Ag(NH_3)_2]^+$ 而溶解，再加 HNO_3 时，$AgCl$ 会重新沉淀出来：

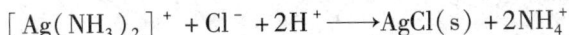

$$[Ag(NH_3)_2]^+ + Cl^- + 2H^+ \longrightarrow AgCl(s) + 2NH_4^+$$

$AgBr$ 和 AgI 则不溶。

如用锌在 HAc 介质中还原 $AgBr$ 和 AgI 中的 Ag^+ 为 Ag，会使 Br^- 和 I^- 转入溶液中，如遇氯水则被氧化为单质。Br_2 和 I_2 易溶于 CCl_4 中，分别呈现橙黄色和紫色。

【实验仪器及试剂】

离心机。HCl（浓，2.0mol/L）、HNO_3（2.0mol/L）、H_2SO_4（浓，2.0mol/L）、$NaOH$（2.0mol/L）、$NH_3 \cdot H_2O$（2.0mol/L）、$NaCl$（0.1mol/L）、KI（0.1mol/L）、KBr（0.1mol/L）、KIO_3（0.1mol/L）、Na_2SO_3（0.1mol/L）、$AgNO_3$（0.1mol/L）、$(NH_4)_2CO_3$（12%）、$NaCl$ 固体、KBr 固体、KI 固体、锌粉、氯水、碘水、淀粉溶液、CCl_4、pH 试纸、淀粉碘化钾试纸、$Pb(Ac)_2$ 试纸。

【实验步骤】

1. 卤素的氧化性

（1）取适量 KBr（0.1mol/L）溶液和 CCl_4，滴入氯水和适量蒸馏水，振荡，观察 CCl_4 层中的颜色；取适量 KI（0.1mol/L）溶液和 CCl_4，滴入氯水和适量蒸馏水，振荡，观察 CCl_4 层中的颜色。

（2）在试管中加入适量碘水和几滴淀粉指示剂，再加入 $NaOH$（2.0mol/L）溶液，振荡，观察有何现象发生；再加入适量 HCl（2.0mol/L）溶液，观察有何现象出现。写出上述反应的有关方程式。

2. 卤素离子的还原性

在三支干燥的试管中分别加入黄豆粒大小的 $NaCl$、KBr 和 KI 固体，再分别加入 2～3滴浓 H_2SO_4（应逐个进行实验），观察反应物的颜色和状态；并分别用湿润的 pH 试纸、淀粉碘化钾试纸和 $Pb(Ac)_2$ 试纸，在三个管口检验逸出的气体。写出有关化学反应的方程式，并比较 HCl、HBr 和 HI 的还原性。

3. 次氯酸盐的氧化性

取适量氯水，逐滴加入 $NaOH$（2.0mol/L）溶液至呈弱碱性。将溶液分两份于 A 和 B 试管中，然后在 A 管中加入适量 HCl（2.0mol/L）溶液，用湿润的淀粉碘化钾试纸检验逸出的气体；在 B 管中加入适量 KI（0.1mol/L）溶液及几滴淀粉溶液，判断反应产物。写出有关反应方程式。

4. 碘酸钾的氧化性

在适量 Na_2SO_3（0.1mol/L）溶液中，加入一定量 H_2SO_4（2.0mol/L）溶液和淀粉溶液。

然后逐滴加入 KIO_3(0.1mol/L)溶液，边加边振荡，直至有深蓝色出现。写出有关反应方程式。

5. Cl^-、Br^- 和 I^- 的鉴定

某溶液中可能含有 Cl^-、Br^- 和 I^- 中的两种或三种，请自行设计检出方案。

【思考题】

1. 检验氯气和溴蒸气时，可用什么试纸进行？在检验氯气时，试纸开始变蓝，后来蓝色消失，为什么？

2. 在利用 KI 检验次氯酸钠氧化性时，为了观察到淀粉变蓝的现象，应如何控制 KI 的添加量？

实验四 铁、钴、镍的性质

【实验目的】

1. 了解 $Fe(II)$、$Fe(III)$、$Co(II)$、$Co(III)$、$Ni(II)$ 和 $Ni(III)$ 的氢氧化物和硫化物的生成和性质。

2. 了解 Fe^{2+} 的还原性和 Fe^{3+} 的氧化性。

【实验原理】

$Fe(II)$、$Co(II)$、$Ni(II)$ 的氢氧化物依次为白色、粉红色和苹果绿色。$Fe(OH)_2$ 具有很强的还原性，易被空气中的氧氧化：

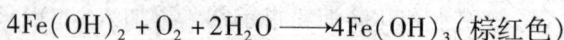
$$4Fe(OH)_2 + O_2 + 2H_2O \longrightarrow 4Fe(OH)_3(棕红色)$$

在 $Fe(OH)_2$ 转变为 $Fe(OH)_3$ 的过程中，有中间产物 $Fe(OH)_2 \cdot 2Fe(OH)_3$(黑色)生成，可以看到颜色由白→土绿→黑→棕红的变化过程。因此，制备 $Fe(OH)_2$ 时必须将有关试剂煮沸除氧。即使这样，有时白色的 $Fe(OH)_2$ 也难以看到。$CoCl_2$ 溶液与 OH^- 反应先生成碱式氯化钴沉淀，继续加 OH^- 时才生成 $Co(OH)_2$：

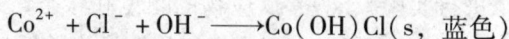
$$Co^{2+} + Cl^- + OH^- \longrightarrow Co(OH)Cl(s, 蓝色)$$

$$Co(OH)Cl + OH^- \longrightarrow Co(OH)_2(s) + Cl^-$$

$Co(OH)_2$ 也能被空气中的氧慢慢氧化：

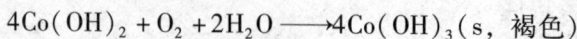
$$4Co(OH)_2 + O_2 + 2H_2O \longrightarrow 4Co(OH)_3(s, 褐色)$$

$Ni(OH)_2$ 在空气中是稳定的。$Fe(OH)_2$、$Co(OH)_2$ 和 $Ni(OH)_2$ 均显碱性。

$Fe(OH)_3$、$Co(OH)_3$ 和 $Ni(OH)_3$ 都显碱性，颜色依次为棕色、褐色和黑色。$Fe(OH)_3$ 与酸反应生成 $Fe(III)$ 盐。$Co(OH)_3$ 和 $Ni(OH)_3$ 因为有较强的氧化性，与盐酸反应时得不到相应的盐，而生成 $Co(II)$ 盐、$Ni(II)$ 盐，并放出氯气。例如：

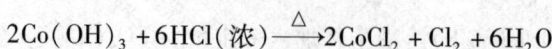
$$2Co(OH)_3 + 6HCl(浓) \xrightarrow{\triangle} 2CoCl_2 + Cl_2 + 6H_2O$$

Co(OH)$_3$ 和 Ni(OH)$_3$ 通常由 Co(Ⅱ)盐、Ni(Ⅱ)盐在碱性条件下由强氧化剂(如 Br$_2$、NaClO、Cl$_2$ 等)氧化而得到。例如:

$$2Ni^{2+} + 6OH^- + Br_2 \longrightarrow 2Ni(OH)_3(s) + 2Br^-$$

Fe^{2+}、Co^{2+} 和 Ni^{2+} 等离子都有颜色,如 Fe^{2+}(aq)呈浅绿色、Co^{2+}(aq)呈粉红色、Ni^{2+}(aq)呈绿色。而 Fe^{3+} 呈淡紫色(由于水解生成[Fe(OH)(H$_2$O)$_5$]$^{2+}$ 而使溶液呈棕黄色。工业盐酸常显黄色是由于生成[FeCl$_4$]$^-$ 的缘故)。

在稀酸中不能生成 FeS、CoS 和 NiS 沉淀;在非酸性条件下,CoS 和 NiS 生成沉淀后,由于结构改变而难溶于稀酸。

【实验仪器及试剂】

离心机。HCl(2.0mol/L)、H$_2$S(饱和)、H$_2$SO$_4$(2.0mol/L)、NaOH(2.0mol/L)、NH$_3$·H$_2$O(2.0mol/L)、FeCl$_3$(0.1mol/L)、KI(0.02mol/L)、CoCl$_2$(0.5mol/L)、FeSO$_4$(0.1mol/L)、NiSO$_4$(0.5mol/L)、KMnO$_4$(0.01mol/L)、KSCN(0.1mol/L)、K$_4$[Fe(CN)$_6$](0.1mol/L)、K$_3$[Fe(CN)$_6$](0.1mol/L)、FeSO$_4$·7H$_2$O(s)、H$_2$O$_2$(3%)、碘水、淀粉溶液。

【实验步骤】

1. 铁、钴、镍的氢氧化物的生成和性质

(1)取 A、B 两支试管,A 管中加入适量去离子水和几滴 H$_2$SO$_4$(2.0mol/L)溶液,煮沸,以驱除溶解的氧;然后加少量 FeSO$_4$·7H$_2$O(s)使之溶解。在 B 管中加入适量 NaOH(2.0mol/L)溶液,煮沸驱氧,冷却后用一长滴管吸取该溶液,迅速将滴管插入 A 管溶液底部,挤出 NaOH 溶液,观察产物的颜色和状态。摇荡后分装于三支试管中,其中一支试管放在空气中静置,另两支试管分别加 HCl(2.0mol/L)溶液和 NaOH(2.0mol/L)溶液。观察现象,写出有关反应方程式。

(2)在 A、B、C 三支试管中各加入适量的 CoCl$_2$(0.5mol/L)溶液,再逐滴加入 NaOH(2.0mol/L)溶液,观察沉淀颜色的变化。将 A、B 试管离心分离,弃去清液。A 管中加入 HCl(2.0mol/L)溶液,B 管中加 NaOH(2.0mol/L)溶液,C 管在空气中静置。观察现象,写出有关反应方程式。

(3)用 NiSO$_4$(0.5mol/L)溶液代替 CoCl$_2$ 溶液重复实验(2)。

(4)取适量 FeCl$_3$(0.1mol/L)溶液,滴加 NaOH(2.0mol/L)溶液,观察沉淀的颜色和状态,并检查其酸碱性。

2. 铁盐的性质

(1)Fe^{2+} 的还原性

①取适量 KMnO$_4$(0.01mol/L)溶液,酸化后滴加 FeSO$_4$(0.1mol/L)溶液,观察溶液有何变化?再加入适量 K$_4$[Fe(CN)$_6$](0.1mol/L)溶液,观察溶液又有何变化?写出反应方程式。

②取适量 FeSO$_4$(0.1mol/L)溶液,酸化后加入 H$_2$O$_2$(3%)溶液,微加热,观察溶液

颜色的变化。再加入适量 KSCN（0.1mol/L）溶液，观察溶液有何现象？写出反应方程式。

③在碘水中加几滴淀粉溶液，再逐滴加入 $FeSO_4$（0.1mol/L）溶液，观察溶液有无变化？

④用 $K_4[Fe(CN)_6]$（0.1mol/L）溶液代替 $FeSO_4$ 溶液重复实验③。

（2）Fe^{3+} 的氧化性

①在 $FeCl_3$（0.1mol/L）溶液中加入 KI（0.02mol/L）溶液，再加几滴淀粉溶液，观察溶液有何现象？用 $K_3[Fe(CN)_6]$（0.1mol/L）溶液代替 $FeCl_3$ 溶液重复该实验。

②在适量 $FeCl_3$（0.1mol/L）溶液中浸入一小片铜，观察溶液颜色的变化。

3. Fe(Ⅱ)、Co(Ⅱ)和 Ni(Ⅱ)的硫化物的性质

在三支试管中分别加入适量 $FeSO_4$（0.1mol/L）溶液、$CoCl_2$（0.1mol/L）溶液和 $NiSO_4$（0.1mol/L）溶液，酸化后滴加 H_2S（饱和）溶液，观察有无沉淀生成？再加入 $NH_3 \cdot H_2O$（2.0mol/L）溶液，观察有何现象？离心分离，弃上清，在各沉淀中滴加 HCl（2.0mol/L）溶液，观察沉淀的溶解情况。

【思考题】

1. 制取 $Fe(OH)_2$ 时为什么要先将有关溶液煮沸？

2. 在 $Co(OH)_3$ 沉淀中加入浓 HCl 后，有时溶液呈蓝色，加水稀释后又呈粉红色，为什么？

实验五　铜和锌的性质

【实验目的】

1. 了解铜、锌的氢氧化物与氧化物的生成和性质。
2. 了解 Cu^{2+} 与 Cu^+ 的相互转化条件及 Cu^{2+} 的氧化性。
3. 了解铜的氯化物、锌的氨合物和硫化物的生成与性质。
4. 学习铜、锌离子的鉴定方法。

【实验原理】

在水溶液中，Cu^{2+} 具有不太强的氧化性，能氧化 I^-、SCN^- 等，例如：

$$2Cu^{2+} + 4I^- \longrightarrow 2CuI(s，白色) + I_2(s)$$

I^- 过量则会使 CuI 转化为 $[CuI_2]^-$。在弱酸性条件下，Cu^{2+} 与 $[Fe(CN)_6]^{4-}$ 反应生成棕红色的 $Cu_2[Fe(CN)_6]$：

$$2Cu^{2+} + [Fe(CN)_6]^{4-} \longrightarrow Cu_2[Fe(CN)_6](s)$$

此反应用来检验 Cu^{2+} 的存在。在加热的碱性溶液中，Cu^{2+} 能氧化醛或糖类，并有暗红色的 Cu_2O 生成：

$$2[Cu(OH)_4]^{2-} + C_6H_{12}O_6 \xrightarrow{\triangle} Cu_2O(s) + C_6H_{12}O_7 + 2H_2O + 4OH^-$$
$$\text{（葡萄糖）} \qquad\qquad \text{（葡萄糖酸）}$$

这一反应在有机化学实验中用来检验某些糖的存在。在浓 HCl 中，Cu^{2+} 能将 Cu 氧化成 Cu^+：

$$Cu^{2+} + Cu + 4HCl \xrightarrow{\triangle} 2[CuCl_2]^- \text{（泥黄色）} + 4H^+$$

用水稀释后有白色的 CuCl 生成：

$$2[CuCl_2]^- \longrightarrow 2CuCl(s) + 2Cl^-$$

Cu（Ⅰ）的卤化物（Cl^-、Br^-、I^-）、氰化物、硫化物、硫氰化物均难溶于水，其溶解度按 Cl^-、Br^-、I^-、SCN^-、CN^-、S^{2-} 顺序依次减小。固态 CuX 和 $[CuX_2]^-$ 在水溶液中较稳定（X = Cl^-、Br^-、I^-、SCN^-、CN^-）。

Cu^{2+} 能与 $NH_3 \cdot H_2O$ 形成氨合物。$CuSO_4$ 与适量氨水反应生成浅蓝色的碱式硫酸铜；氨水过量则生成深蓝色的 $[Cu(NH_3)_4]^{2+}$：

$$2Cu^{2+} + SO_4^{2-} + 2NH_3 \cdot H_2O \longrightarrow Cu_2(OH)_2SO_4(s) + 2NH_4^+$$
$$Cu_2(OH)_2SO_4 + 6NH_3 + 2NH_4^+ = 2[Cu(NH_3)_4]^{2+} + SO_4^{2-} + 2H_2O$$

$Cu(OH)_2$ 能溶于氨水形成配合物。在 CuCl 沉淀中加入氨水，形成 $[Cu(NH_3)_4]^{2+}$，因为 $[Cu(NH_3)_2]^+$ 不稳定，易被氧化为 $[Cu(NH_3)_4]^{2+}$：

$$CuCl + 2NH_3 = [Cu(NH_3)_2]^+ + Cl^-$$
$$4[Cu(NH_3)_2]^+ + 8NH_3 + O_2 + 2H_2O = 4[Cu(NH_3)_4]^{2+} + 4OH^-$$

Cu^{2+} 与浓 HCl 作用生成黄绿色的 $[CuCl_4]^{2-}$，若用 Br^- 取代则生成紫红色的 $[CuBr_4]^{2-}$。Cu（Ⅱ）的卤素配合物均不太稳定，卤离子可被氨取代。

锌的氧化物和氢氧化物均显两性。Zn^{2+} 与氨水反应生成白色的 $Zn(OH)_2$ 沉淀；与过量的氨水反应则形成氨合物：

$$Zn^{2+} + 2NH_3 \cdot H_2O = Zn(OH)_2(s) + 2NH_4^+$$
$$Zn(OH)_2 + 2NH_4^+ + 2NH_3 = [Zn(NH_3)_4]^{2+} + 2H_2O$$

在碱性条件下，Zn^{2+} 与二苯硫腙反应生成粉红色的螯合物，可用于鉴定 Zn^{2+}。

【实验仪器及试剂】

HCl（浓，2.0mol/L）、HNO_3（2.0mol/L）、H_2S（饱和）、H_2SO_4（2.0mol/L）、HAc（2.0mol/L）、NaOH（2.0mol/L，6.0mol/L，40%）、$NH_3 \cdot H_2O$（2.0mol/L，6.0mol/L）、$Zn(NO_3)_2$（0.1mol/L）、$CuSO_4$（0.1mol/L）、$CuCl_2$（1.0mol/L）、KI（0.1mol/L，2.0mol/L）、KSCN（饱和）、$K_4[Fe(CN)_6]$（0.1mol/L）、铜屑、锌粒、锌粉、铜丝、$ZnCO_3$、10% 葡萄糖溶液、淀粉溶液、二苯硫腙的 CCl_4 溶液。

【实验步骤】

1. 氢氧化铜、氧化铜的生成和性质

在 A、B、C 三支试管中各加入适量 $CuSO_4$（0.1mol/L）溶液和 NaOH（2.0mol/L）溶液至有浅蓝色沉淀生成。A 管中加 H_2SO_4（2.0mol/L）溶液。B 管中加 NaOH（6.0mol/L）溶液至沉淀溶解，再加入葡萄糖（10%）溶液摇匀，加热至沸腾，观察有何物生成？离心分离，弃去清液，沉淀洗涤后分装于两支试管中，一份加 H_2SO_4（2.0mol/L）溶液，一份加 $NH_3 \cdot H_2O$（6.0mol/L）溶液，静置片刻，观察溶液颜色。C 管加热至固体变黑，冷却后加 H_2SO_4（2.0mol/L）溶液，观察沉淀是否溶解？写出有关反应方程式。

2. 氯化亚铜的生成和性质

取适量 $CuCl_2$（1.0mol/L）溶液，加入一定量浓 HCl 和少量铜屑后，加热至沸腾，当溶液变为泥黄色，停止加热。取少量溶液滴入盛有去离子水的试管中，如有白色沉淀生成，则将余下的溶液迅速倒入盛有大量水的烧杯中，静置沉降，用倾析法分出溶液。将沉淀洗涤 2 次后分成两份，分别加入 $NH_3 \cdot H_2O$（2.0mol/L）溶液和 HCl（浓），观察现象，写出反应方程式。

3. 锌与酸和碱的反应

(1) 取 1 颗锌粒与 HNO_3（2.0mol/L）溶液反应，检查有无 NH_4^+ 生成。写出反应方程式。

(2) 取 1 颗锌粒与 HCl（2.0mol/L）溶液反应，观察放氢是否明显。用 1 根铜丝与锌粒接触时，氢在铜丝上还是在锌粒表面析出？

(3) 取少量锌粉与 NaOH（40%）溶液反应，加热观察现象。写出反应方程式。

4. 氧化锌和氢氧化锌的生成和性质

(1) 取少量 $ZnCO_3$(s) 放入一支干燥的试管中，慢慢加热，直至 CO_2 全部赶出为止。注意生成的氧化锌在加热和冷却后的颜色，保留产物备用。

(2) 用 $Zn(NO_3)_2$（0.1mol/L）溶液、NaOH（2.0mol/L）溶液和 HNO_3（2.0mol/L）溶液检验 $Zn(OH)_2$ 的酸碱性。

5. 锌的氨合物与硫化物的生成和性质

向几滴 $Zn(NO_3)_2$（0.1mol/L）溶液中逐滴加入 $NH_3 \cdot H_2O$（2.0mol/L）溶液至过量，观察沉淀的生成和溶解；再加几滴 H_2S（饱和）溶液，离心分离，在沉淀中加 HCl（2.0mol/L）溶液，观察有何现象？

6. Cu^{2+} 和 Zn^{2+} 的鉴定

(1) 取适量 $CuSO_4$（0.1mol/L）溶液，加几滴 HAc（2.0mol/L）溶液和 2 滴 $K_4[Fe(CN)_6]$（0.1mol/L）溶液，若有棕红色沉淀生成，表示有 Cu^{2+} 存在。

(2) 取适量 $Zn(NO_3)_2$（0.1mol/L）溶液，先加 NaOH（6.0mol/L）溶液，再加含二苯硫腙的 CCl_4 溶液，振荡，注意观察水层与 CCl_4 层颜色的变化。

【思考题】

1. 向 $CuSO_4$ 溶液中滴加 NaOH 和 $NH_3 \cdot H_2O$ 溶液，产物有何不同？如何区别？
2. 黄铜是铜和锌的合金，如何用实验来鉴定？

第三节 酸碱滴定实验

实验一 滴定分析的基本操作练习

【实验目的】

1. 掌握酸式滴定管、碱式滴定管的洗涤、准备和使用方法。
2. 熟悉酚酞、甲基橙等常用指示剂的颜色变化，正确判断滴定终点。

【实验原理】

在滴定分析法中，将滴定剂(已知准确浓度的标准溶液)滴加到含有被测组分的试液中，直至反应完全，并用指示剂指示滴定终点的滴定过程，这是必须掌握的方法。根据滴定剂消耗的体积可以计算待测物的浓度。为了准确测定滴定剂消耗的体积，必须学会标准溶液的配制、标定、滴定管的正确操作和滴定终点的判断。

酸碱指示剂因其酸式和碱式的结构不同而具有不同的颜色。指示剂的理论变色点即为该指示剂的 pK_{HIn}(K_{HIn} 为解离常数)，即 $\frac{[\text{HIn}]}{[\text{In}^-]}=1$ 时溶液的 pH。指示剂的理论变色范围为 $pK_{HIn} \pm 1$。因此，在一定条件下，指示剂的颜色取决于溶液的 pH。在酸碱滴定过程中，计量点前后 pH 会发生突跃(滴定突跃)，只要选择变色范围全部或部分落入滴定突跃范围的指示剂即可用来指示滴定终点，保证滴定误差小于 $\pm 0.1\%$。

本实验中，选择 0.10mol/L NaOH 溶液滴定等浓度的 HCl 溶液。滴定的突跃范围为 pH 4.3~9.7，可选用酚酞(变色范围 pH 8.0~9.6)和甲基橙(变色范围 pH 3.1~4.4)作指示剂。在使用同一指示剂的情况下，进行盐酸和氢氧化钠的互滴练习，不管被滴定溶液的体积如何变化，只要使用的始终是同一瓶溶液，则该体积比应保持不变。借此，可使学生逐步熟练掌握滴定分析的基本操作技术和正确判断终点的能力。通过反复练习，使学生学会通过观察滴定剂落点处周围的颜色改变的快慢判断终点是否临近，并学会控制如何一滴一滴或半滴半滴地滴加滴定剂，直至最后半滴滴定剂的加入引起溶液颜色的明显变化，然后停止滴定，到达滴定终点。通过所消耗盐酸和氢氧化钠的体积比来计算测定方法的精密度。

【实验仪器及试剂】

50mL 酸式滴定管、50mL 碱式滴定管、锥形瓶。浓 HCl(ρ = 1.18g/mL)、NaOH(s)、

0.1%甲基橙水溶液、0.2%酚酞乙醇溶液。

【实验步骤】

1. 配制 0.10mol/L NaOH 溶液和 HCl 溶液各 250mL

（1）NaOH 溶液的配制：在台秤上用表面皿迅速称取 2.0g NaOH 固体，放于烧杯中，加入少量去离子水，搅拌溶解后将溶液转入 500mL 试剂瓶中。用去离子水涮洗烧杯 2~3 次，并将涮洗液倒入试剂瓶，继续加水至总体积约为 500mL，盖上橡皮塞，摇匀，贴上标签，两人共用。

（2）HCl 溶液的配制：在通风橱中用洁净的 10mL 量筒量取浓 HCl 4.0~4.5mL，倒入预先装入一定体积去离子水的 500mL 试剂瓶中。用去离子水稀释至总体积约为 500mL，盖上玻璃塞，摇匀，贴上标签，两人共用。

2. 滴定操作练习

（1）准备：按之前所叙述的方法准备好酸式、碱式滴定管各一支，分别装满 HCl 和 NaOH 溶液至零刻度线以上，排出气泡，调节液面处于"0.00"或零刻线稍下的某一位置，静止 1 分钟左右。

（2）酸碱互滴练习：由酸式滴定管中放出 0.10mol/L HCl 溶液几毫升于 250mL 锥形瓶中，加入约 20mL 去离子水，再加入酚酞指示剂 1 滴，用碱式滴定管滴出 0.10mol/L NaOH 溶液进行滴定。特别注意练习碱式滴定管加一滴和半滴溶液的操作，观察指示剂在终点附近的变色情况，滴定至溶液呈微红色且半分钟不褪色，即为终点。再用酸式滴定管加入少许 HCl 溶液，使锥形瓶内颜色褪尽，继续用 NaOH 溶液滴定至终点。如此反复练习至能准确判断滴定终点、自如控制滴定速度。

从碱式滴定管中放出 0.10mol/L NaOH 溶液几毫升于 250mL 锥形瓶中，加入约 20mL 去离子水，再加入甲基橙指示剂 1 滴，用酸式滴定管滴出 0.10mol/L HCl 溶液进行滴定。特别注意练习酸式滴定管加一滴和半滴溶液的操作，滴定至溶液从黄色转化为橙色为终点。再用碱式滴定管加入少许 NaOH 溶液，使锥形瓶内颜色褪至黄色，继续用 HCl 溶液滴定至终点。如此反复练习至能准确判断滴定终点、自如控制滴定速度。注意，甲基橙为双色指示剂，应密切注意到达滴定终点时颜色的变化情况，正确掌握滴定终点。

（3）以酚酞作指示剂用 NaOH 滴定 HCl：从酸式滴定管准确放出约 20mL HCl 溶液于锥形瓶中，加少量去离子水，再加入 1~2 滴酚酞指示剂，不断摇动锥形瓶，用 NaOH 溶液滴定至终点，记录读数。然后再将酸碱滴定管加满，记录起始读数，重复上述操作 2 次，直至到达滴定终点。重点判断滴定终点并进行读数记录。

（4）以甲基橙作指示剂用 HCl 滴定 NaOH：从碱式滴定管准确放出约 20mL NaOH 溶液于锥形瓶中，加少量去离子水，加入 1~2 滴甲基橙指示剂，不断摇动锥形瓶，用 HCl 溶液滴定至溶液由黄色转变为橙色即为滴定终点。然后再将酸碱滴定管加满，记录起始读数，重复上述操作 2 次直至到达滴定终点。重点判断滴定终点并进行读数记录。

【实验数据和结果】

写出有关公式,将实验数据和计算结果填入表2-6和表2-7。根据记录的实验数据计算出 V_{HCl}、V_{NaOH} 及 V_{NaOH}、V_{HCl},并计算三次测定结果的相对标准偏差。测定结果要求相对标准偏差小于0.3%。

表2-6　用盐酸滴定氢氧化钠

滴定编号	1	2	3
$V_{NaOH}(mL)$			
$V_{HCl}(mL)$			
V_{HCl}/V_{NaOH}			
V_{HCl}/V_{NaOH}平均值			
相对平均偏差			
相对标准偏差			

表2-7　用氢氧化钠滴定盐酸

滴定编号	1	2	3
$V_{HCl}(mL)$			
$V_{NaOH}(mL)$			
V_{NaOH}/V_{HCl}			
V_{NaOH}/V_{HCl}平均值			
相对平均偏差			
相对标准偏差			

【思考题】

1. NaOH 和 HCl 标准溶液能否用直接配制法配制?为什么?配制时可用量筒量取浓 HCl,用台秤称取 NaOH(s),而不用吸量管和分析天平,为什么?

2. 标准溶液装入滴定管之前,为什么要用待装溶液涮洗2~3次?锥形瓶是否也需要事先涮洗或烘干?

3. 为什么用 HCl 溶液滴定 NaOH 溶液时,常选择甲基橙作指示剂,而用 NaOH 溶液滴定 HCl 溶液时,常选择酚酞作指示剂?

4. 使用酚酞指示滴定终点时,为什么说30秒内不褪色即为滴定终点?

实验二　盐酸标准溶液的配制和标定

【实验目的】

1. 掌握递减法准确称取基准物的方法。

2. 掌握滴定操作并学会正确判断滴定终点的方法。

3. 学会配制和标定盐酸标准溶液的方法。

【实验原理】

由于浓盐酸容易挥发，不能用来直接配制具有准确浓度的标准溶液，因此配制 HCl 标准溶液时，只能先配制成近似浓度的溶液，然后用基准物质标定它们的准确浓度；或者用另一已知准确浓度的标准溶液滴定该溶液，再根据它们的体积比来计算该溶液的准确浓度。

标定 HCl 溶液常用的基准物质是无水 Na_2CO_3，其反应方程式如下：

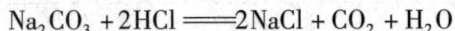

$$Na_2CO_3 + 2HCl \Longrightarrow 2NaCl + CO_2 + H_2O$$

滴定至反应完全时，溶液 pH 为 3.89。通常选用溴甲酚绿 – 甲基红混合液或甲基橙作指示剂。

【实验仪器及试剂】

25mL 酸式滴定管、烧杯、锥形瓶、玻璃棒、250mL 容量瓶。浓盐酸（$\rho = 1.19$）、无水 Na_2CO_3、甲基橙或者溴甲酚绿 – 甲基红混合液指示剂［量取 30mL 溴甲酚绿乙醇溶液（2g/L），加入 20mL 甲基红乙醇溶液（1g/L），混匀］。

【实验步骤】

1. 0.1mol/L 盐酸标准溶液的配制

量取 2.2mL 浓盐酸，注入 250mL 水中，摇匀，装入试剂瓶中，贴上标签。

2. 盐酸标准溶液的标定

准确称取 0.19 ~ 0.21g 于 270 ~ 300℃灼烧至质量恒定的基准无水碳酸钠［秤准至 0.0002g（至少 2 份）］，溶于 50mL 水中，加 2 ~ 3 滴甲基橙作指示剂。用配制好的盐酸溶液滴定至溶液由黄色变为橙色，记下盐酸溶液所消耗的体积。同时做空白实验（空白实验即在不加无水碳酸钠的情况下重复上述操作）。

【实验数据和结果】

1. 数据记录

表 2 – 8　用盐酸滴定碳酸钠

项目 \ 编号	I	II	III	空白值
无水碳酸钠（g）				0.0000
HCl 终读数				
HCl 初读数				
消耗 V_{HCl}（mL）				
c_{HCl}（mol/L）				
c_{HCl}（mol/L）平均值				
平均偏差				

2. 盐酸标准溶液的浓度计算式

$$c(\text{HCl}) = 2\frac{m(\text{Na}_2\text{CO}_3)}{(V_{\text{HCl}} - V_0)\cdot 106}\times 1000$$

公式中：c_{HCl}——盐酸标准溶液的物质的量浓度（mol/L）；

$\quad\quad\quad m_{\text{Na}_2\text{CO}_3}$——无水碳酸钠的质量（g）；

$\quad\quad\quad V_{\text{HCl}}$——盐酸溶液的用量（mL）；

$\quad\quad\quad V_0$——空白实验盐酸溶液的用量（mL）；

$\quad\quad\quad$106——无水碳酸钠的摩尔质量（g/mol）。

【注意事项】

1. 干燥至恒重的无水碳酸钠有吸湿性，因此在标定中精密称取基准无水碳酸钠时，宜采用"递减法"称取，并应迅速将称量瓶加盖密闭。

2. 在滴定过程中产生的二氧化碳，使终点变色不够敏锐。因此，在溶液滴定进行至临近终点时，应将溶液加热煮沸或剧烈摇动，以除去二氧化碳，待冷却至室温后，再继续滴定。

【思考题】

1. 在滴定过程中产生的二氧化碳会使终点变色不够敏锐，那么在溶液滴定进行至临近终点时，应如何处理来消除干扰？

2. 当碳酸钠试样从称量瓶转移到锥形瓶的过程中，不小心有少量试样撒出，如仍用它来标定盐酸浓度，将会造成分析结果偏大还是偏小？

实验三 氢氧化钠标准溶液的配制与标定

【实验目的】

1. 掌握用基准物质邻苯二甲酸氢钾和比较法标定 NaOH 溶液浓度的方法。

2. 掌握以酚酞为指示剂判断滴定终点。

3. 掌握不含碳酸钠的 NaOH 溶液的配制方法。

【实验原理】

标定 NaOH 标准溶液可用的基准试剂有邻苯二甲酸氢钾、苯甲酸、草酸等，其中最常用的是邻苯二甲酸氢钾。$\text{KHC}_8\text{H}_4\text{O}_4$ 基准物容易获得纯品，不吸湿，不含结晶水，容易干燥且分子量大。使用时，一般要在 $105\sim110℃$ 下干燥，保存在干燥器中。$\text{KHC}_8\text{H}_4\text{O}_4$ 基准物的标定反应为：

$$\text{KHC}_8\text{H}_4\text{O}_4 + \text{NaOH} =\!=\!= \text{KNaC}_8\text{H}_4\text{O}_4 + \text{H}_2\text{O}$$

该反应是强碱滴定酸式盐，化学计量点时 pH 为 9.26。可选酚酞为指示剂，用标准

NaOH 溶液滴定到溶液呈现粉红色且半分钟不褪色即为终点(变色很敏锐)。

根据基准邻苯二甲酸氢钾的质量及所用 NaOH 溶液的体积,计算 NaOH 溶液的准确浓度。

【实验仪器及试剂】

分析天平、烘箱、称量瓶、1000mL 烧杯、1000mL 试剂瓶(配橡皮塞)、2500mL 塑料桶、50mL 碱式滴定管、25mL 移液管、250mL 锥形瓶、5mL 量筒。邻苯二甲酸氢钾(固体、基准物)、氢氧化钠(固体、分析纯)、1% 酚酞乙醇溶液、0.1mol/L HCl 溶液。

【实验步骤】

1. 0.1% 酚酞乙醇溶液

用托盘天平称取 0.1g 酚酞,溶于 60mL 乙醇中,用水稀释至 100mL,摇匀,转移入试剂瓶中,贴标签备用。

2. 0.1mol/L NaOH 溶液的配制

先将氢氧化钠配成饱和溶液,注入塑料桶中密闭静置。使用前用塑料管虹吸上层澄清溶液。然后量取 5mL 氢氧化钠饱和溶液,注入盛不含二氧化碳的蒸馏水的烧杯中,稀释至 1000mL,搅匀,转入试剂瓶中,盖紧橡皮塞,摇匀。

3. 0.1mol/L NaOH 溶液的标定

(1)用基准物邻苯二甲酸氢钾标定:准确称取在 110 ~ 120℃ 烘至恒重的基准邻苯二甲酸氢钾 0.5 ~ 0.6g,放入 250mL 锥形瓶中,以 50mL 不含 CO_2 的蒸馏水溶解,加酚酞指示剂 2 滴。用 0.1mol/L NaOH 溶液滴定至溶液由无色变为粉红色 30 秒不褪色为终点。平行测定 3 次,同时做空白对照实验。

计算公式:

$$c_{NaOH} = \frac{m_{KHC_8H_4O_4}}{V_{NaOH}M_{KHC_8H_4O_4}} \times 10^3$$

公式中:c_{NaOH}——NaOH 标准溶液的浓度(mol/L);

$m_{KHC_8H_4O_4}$——邻苯二甲酸氢钾的质量(g);

V_{NaOH}——滴定消耗 NaOH 标准溶液的体积(mL);

$M_{KHC_8H_4O_4}$——$KHC_8H_4O_4$ 的摩尔质量(204.2g/mol)。

(2)用盐酸标准溶液标定:准确量取 30 ~ 35mL 0.1mol/L 盐酸标准溶液于锥形瓶中,加入 50mL 不含二氧化碳的蒸馏水及 2 滴酚酞指示剂。用 0.1mol/L 氢氧化钠待标定溶液滴定,近终点时加热至 80℃,继续滴定至溶液由无色变为粉红色。平行测定 3 次,取其算术平均值为测定结果。

【实验数据和结果】

1. 记录减量法称取基准物邻苯二甲酸氢钾的质量。

2. 记录消耗 NaOH 滴定液的体积。

3. 计算 NaOH 的浓度及所标定浓度的相对平均偏差。

表 2 – 9 用 NaOH 滴定 KHC$_8$H$_4$O$_4$

编号 项目	1	2	3
称量瓶 + KHC$_8$H$_4$O$_4$ 质量(g)(倾倒前)			
称量瓶 + KHC$_8$H$_4$O$_4$ 质量(g)(倾倒后)			
KHC$_8$H$_4$O$_4$ 质量(g)			
V_{NaOH}(mL)			
c_{NaOH}(mol/L)			
$\bar{c}_{NaOH}$(mol/L)			
RD(相对偏差)			
RAD(相对平均偏差)			

【思考题】

1. 称取 NaOH 及邻苯二甲酸氢钾分别用什么天平?为什么?

2. HCl 和 NaOH 溶液能直接配制准确浓度吗?为什么?

3. 在滴定分析实验中,滴定管和移液管为何需用滴定剂和待移取的溶液润洗几次?锥形瓶是否也要用滴定剂润洗?

4. HCl 和 NaOH 溶液定量反应完全后,生成 NaCl 和 H$_2$O,为什么用 HCl 滴定 NaOH 时采用甲基橙指示剂,而用 NaOH 滴定 HCl 时使用酚酞或其他合适的指示剂?

5. 溶解基准物质时加入 20 ~ 30mL 水,是用量筒量取,还是用移液管移取?为什么?

实验四 食用白醋中 HAc 浓度的测定

【实验目的】

1. 了解基准物质邻苯二甲酸氢钾(KHC$_8$H$_4$O$_4$)的性质及其应用。

2. 掌握 NaOH 标准溶液的配制、标定及保存要点。

3. 掌握强碱滴定弱酸的滴定过程、突跃范围及指示剂的选择原理。

【实验原理】

醋酸为有机弱酸($K_a = 1.8 \times 10^{-5}$),与 NaOH 反应式为:

$$HAc + NaOH =\!=\!= NaAc + H_2O$$

反应产物为弱酸强碱盐，滴定突跃在碱性范围内，可选用酚酞等碱性范围变色的指示剂。食用白醋中醋酸含量在 30 ~ 50mg/mL。

【实验仪器及试剂】

滴定管、电子分析天平、锥形瓶。0.1mol/L NaOH 溶液、酚酞指示剂、邻苯二甲酸氢钾。

【实验步骤】

1. 0.1mol/L NaOH 标准溶液的标定

在称量瓶中以差减法称取 $KHC_8H_4O_4$ 三份，每份 0.4 ~ 0.6g。分别倒入 3 个 250mL 锥形瓶中，再分别加入 40 ~ 50mL 蒸馏水，待试剂完全溶解后，加入 2 ~ 3 滴酚酞指示剂。用待标定的 NaOH 溶液滴定至呈微红色并保持半分钟不褪色即为滴定终点。计算 NaOH 溶液的浓度和各次标定结果的相对偏差。

2. 食用白醋含量的测定

准确移取食用白醋 25mL 于 250mL 容量瓶中，用蒸馏水稀释至刻度，摇匀。用 50mL 移液管分别取 3 份上述溶液，分别置于 250mL 锥形瓶中，加入酚酞指示剂 2 ~ 3 滴。用 NaOH 标准溶液滴定至微红色且 30 秒内不褪色即为滴定终点。计算每 100mL 食用白醋中醋酸的质量。

【思考题】

1. 标定 NaOH 标准溶液的基准物质常用的有哪几种？本实验选用的基准物质是什么？与其他基准物质比较，它有什么显著的优点？

2. 称取 NaOH 及 $KHC_8H_4O_4$ 分别用什么天平？为什么？

3. 已标定的 NaOH 标准溶液在保存时吸收了空气中的 CO_2，则用其测定的 HCl 溶液的浓度，若用酚酞为指示剂，对测定结果将产生何种影响？改用甲基橙为指示剂，结果如何？

4. 测定食用白醋含量时，为什么选用酚酞为指示剂？能否选用甲基橙或甲基红为指示剂？

5. 酚酞指示剂由无色变为微红时，溶液的 pH 为多少？变红的溶液在空气中放置后又变为无色的原因是什么？

实验五　铵盐中氮含量的测定(甲醛法)

【实验目的】

1. 掌握配制和标定 NaOH 标准溶液的方法。
2. 进一步熟练掌握碱式滴定管的操作方法。

3. 掌握甲醛法测定铵态氮肥硫酸铵的含氮量的原理和方法。

【实验原理】

硫酸铵是常用的无机含氮化肥之一，其含氮量的测定在农业分析中占据重要的地位。由于铵盐中 NH_4^+ 的酸性太弱，$K_a = 5.6 \times 10^{-10}$，故不能用 NaOH 标准溶液直接准确滴定，而常使用甲醛法测定硫酸铵的含氮量。将硫酸铵与甲醛作用，定量生成六次甲基四铵盐 $(K_a = 7.1 \times 10^{-6})$ 和 H^+，使弱酸强化，反应式为：

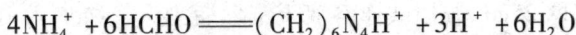

$$4NH_4^+ + 6HCHO = (CH_2)_6N_4H^+ + 3H^+ + 6H_2O$$

所生成的 H^+ 和 $(CH_2)_6N_4H^+$ 以酚酞为指示剂，可用 NaOH 标准溶液滴定。

由上述反应可知，4mol NH_4^+ 与甲醛作用，生成 4mol 酸 [包括 3mol H^+ 和 1mol $(CH_2)_6N_4H^+$]，消耗 4mol NaOH，即 $n_{NH_4^+}/n_{NaOH} = 1$，则氮的质量分数计算式：

$$w_N = \frac{c_{NaOH} \cdot V_{NaOH} \cdot M_N}{m \cdot 1000} \times 100\%$$

甲醛法操作便捷，在生产实际中应用较多，但其准确度较蒸馏法差，适用于强酸铵盐中含氮量的测定。本实验采用甲醛法测定铵态氮肥硫酸铵中的含氮量。

NaOH 固体腐蚀性强，易吸收空气中的水分和 CO_2，因此不能直接配制准确浓度的 NaOH 标准溶液，只能先配制近似浓度的溶液，然后用基准物质标定其准确浓度。也可用另一已知准确浓度的标准溶液滴定该溶液，再根据它们的体积比求得该溶液的浓度。常用的基准物质有邻苯二甲酸氢钾 $(KHC_8H_4O_4$，简写为 KHP) 和草酸 $(H_2C_2O_4 \cdot 2H_2O)$ 等。由于邻苯二甲酸氢钾易制得纯品，在空气中不吸水且易于保存，摩尔质量较大，因此应用更为广泛。用 KHP 标定 NaOH 溶液时的反应如下：

$$HP^- + OH^- = P^{2-} + H_2O$$

由于滴定至计量点时溶液呈碱性 (二元碱，pH≈9)，因此可用酚酞指示剂指示滴定终点。

【实验试剂及仪器】

碱式滴定管、锥形瓶、容量瓶、移液管、烧杯、洗瓶。邻苯二甲酸氢钾 (基准物质，100～125℃干燥 1 小时，然后放入干燥器内冷却后备用)、NaOH 固体、1:1 或 20% 甲醛溶液、0.1% 甲基红乙醇溶液、0.2% 酚酞乙醇溶液、硫酸铵试样。

【实验步骤】

1. 0.10mol/L NaOH 溶液的配制及标定

准确称取 0.4～0.6g 邻苯二甲酸氢钾，置于 250mL 锥形瓶中，加入 20～30mL 水，微加热使其完全溶解。待溶液冷却后，加入 2～3 滴 0.2% 酚酞指示剂。用待标定的 NaOH 溶液滴定至溶液呈微红色，半分钟内不褪色，即为滴定终点 (如果较长时间微红色慢慢褪去，是由于溶液吸收了空气中的 CO_2 所致)，记录所消耗 NaOH 溶液的体积。平行测定 3 次。

2. 甲醛溶液的处理

甲醛因被氧化其中常含有微量甲酸，使分析结果偏高，应事先中和除去。处理方法是：取原瓶装甲醛上层清液于烧杯中，加水稀释一倍，摇匀，加入 1~2 滴 0.2% 酚酞指示剂，用 0.10mol/L NaOH 溶液中和至甲醛溶液呈微红色。

3. $(NH_4)_2SO_4$ 试样中含氮量的测定

在电子天平上准确称取 1.5~2.0g $(NH_4)_2SO_4$ 试样，置于小烧杯中，加适量水溶解后，定量转移至 250mL 容量瓶中，加水稀释至刻度，充分摇匀。

用移液管准确移取 25mL 铵盐试样溶液于锥形瓶，依次加入 10mL 已中和处理的 20% 甲醛溶液和 2~3 滴 0.2% 酚酞指示剂，摇匀。放置 1 分钟后，用已标定的 NaOH 标准溶液滴定至溶液呈微红色为终点。记录所消耗 NaOH 溶液的体积，并平行测定 3 次。

【实验数据和结果】

写出有关公式，将实验数据和计算结果填入表 2-10 和表 2-11。根据记录的实验数据分别计算出 NaOH 溶液的准确浓度和硫酸铵中氮的质量分数，并计算出 3 次测定结果的相对标准偏差。对标定结果要求相对标准偏差小于 0.2%，对测定结果要求相对标准偏差小于 0.3%。

表 2-10　用邻苯二甲酸氢钾标定氢氧化钠

滴定编号	1	2	3
V_{NaOH}(mL)			
$m_{邻苯二甲酸氢钾}$(g)			
c_{NaOH}(mol/L)			
c_{NaOH} 平均值(mol/L)			
相对平均偏差			
相对标准偏差			

表 2-11　硫酸铵中氮的质量分数测定

滴定编号	1	2	3
$m_{硫酸铵试样}$(g)			
V_{NaOH}(mL)			
$V_{试样}$(mL)			
硫酸铵中氮的质量分数(%)			
质量分数的平均值			
相对平均偏差			
相对标准偏差			

【思考题】

1. 为什么铵盐中含氮量的测定不能用 NaOH 标准溶液直接测定？

2. 中和甲醛及$(NH_4)_2SO_4$试样中的游离酸时，为什么要采用不同的指示剂？

3. 本实验中加入甲醛的体积是否需要准确量取(用量筒还是移液管)？

4. 能否用甲醛法测定 NH_4Cl、NH_4NO_3 和 NH_4HCO_3 中的含氮量？为什么？其中 NH_4NO_3 的含氮量 w_N 如何表示？

实验六 混合碱的分析(双指示剂法)

【实验目的】

1. 进一步熟练掌握滴定操作和滴定终点的判断。
2. 掌握混合碱分析的测定原理、方法和计算。

【实验原理】

混合碱是 NaOH 与 Na_2CO_3，或 Na_2CO_3 与 $NaHCO_3$ 的混合物，采用双指示剂法，可以测定各组分的含量。

首先，在碱液中加入酚酞指示剂，用 HCl 标准溶液滴定至溶液略呈粉红色，即为第一化学计量点。反应如下：

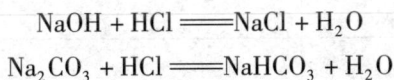

$$NaOH + HCl \rightleftharpoons NaCl + H_2O$$
$$Na_2CO_3 + HCl \rightleftharpoons NaHCO_3 + H_2O$$

此时反应产物为 $NaHCO_3$ 和 NaCl，溶液 pH 为 8.3。设反应所消耗 HCl 溶液的体积为 $V_1(mL)$。

然后，继续加入甲基橙指示剂，用 HCl 标准溶液滴定至溶液由黄色变为橙色，即为第二化学计量点。反应如下：

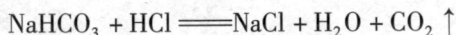

$$NaHCO_3 + HCl \rightleftharpoons NaCl + H_2O + CO_2 \uparrow$$

此时溶液 pH 为 3.7。设所消耗 HCl 溶液的体积为 $V_2(mL)$。

根据 V_1、V_2 的大小可计算烧碱中 NaOH 和 Na_2CO_3 的含量。

【实验仪器及试剂】

分析天平、称量瓶、烧杯、容量瓶、移液管、玻璃棒、锥形瓶、酸式滴定管。混合碱试样、甲基橙指示剂(1g/L 水溶液)、酚酞指示剂(2g/L 乙醇溶液)、HCl 标准溶液。

【实验步骤】

1. 混合碱试液的配制

用递减称量法准确称取 0.83~0.85g 试样置于烧杯中，用适量去离子水溶解后转移到容量瓶中定容。

2. 第一终点的滴定

用移液管吸取试液一份，置于锥形瓶中，加适量蒸馏水，再加 2~3 滴酚酞指示剂，用 HCl 标准溶液滴定至溶液由红色变为微红色,记下读数 V_1。

3. 第二终点的滴定

在上述溶液中再加 1~2 滴甲基橙指示剂,继续用 HCl 标准溶液滴定至溶液由黄色变为橙色,记下读数 V_2。

用同样方法再测定 2 份试样,并计算样品中各成分的含量。

【实验数据和结果】

表 2−12 用 HCl 滴定混合碱

HCl 标准溶液浓度(mol/L)			
混合碱质量(g)			
滴定初始读数(mL)			
第一终点读数(mL)			
第二终点读数(mL)			
V_1(mL)			
V_2(mL)			
平均 V_1(mL)			
平均 V_2(mL)			
w_{NaOH}			
$w_{Na_2CO_3}$			
w_{NaHCO_3}			

【注意事项】

1. 在第一终点滴完后的锥形瓶中加入甲基橙,立即滴 V_2。不能在 3 个锥形瓶中先分别滴 V_1,再分别滴 V_2。

2. 定第一终点时酚酞指示剂可适当多滴几滴,以防 NaOH 滴定不完全而使 NaOH 的测定结果偏低、Na_2CO_3 的测定结果偏高。

3. 最好用浓度相当的 $NaHCO_3$ 的酚酞溶液作对照。在到达第一终点前,不要因为滴定速度过快,而造成溶液中 HCl 局部过浓,引起 CO_2 的损失,带来较大的误差。滴定速度亦不能太慢,摇动要均匀。

4. 近第二终点时,一定要充分摇动,以防止形成 CO_2 的过饱和溶液而使终点提前到达。

【思考题】

1. 本实验采用何种指示剂法,其滴定终点是多少?

2. 用盐酸滴定混合碱液时,将试液在空气中放置一段时间后滴定,将会给测定结果带来什么影响？若到达第一化学计量点前，滴定速度过快或摇动不均匀，对测定结果有何影响？

第四节　配位滴定实验

实验一　配位化合物的生成和性质

【实验目的】

1. 了解配离子的生成和组成。
2. 掌握配离子和简单离子的区别。
3. 了解配位平衡与沉淀溶解平衡间的相互转化。
4. 掌握利用沉淀反应和配位溶解反应分离鉴定混合阳离子的方法和离心机的使用。

【实验原理】

配位化合物分子一般是由中心离子、配位体和外界所构成。中心离子和配位体组成配位离子(内界)，例如：

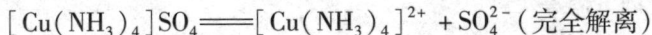

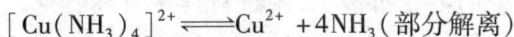

$$[Cu(NH_3)_4]SO_4 \Longrightarrow [Cu(NH_3)_4]^{2+} + SO_4^{2-}(完全解离)$$

$$[Cu(NH_3)_4]^{2+} \Longrightarrow Cu^{2+} + 4NH_3(部分解离)$$

$[Cu(NH_3)_4]^{2+}$ 称为配位离子(内界)，其中 Cu^{2+} 为中心离子，NH_3 为配位体，SO_4^{2-} 为外界。

配位化合物中的内界和外界可以用实验来确定。

配位离子的解离平衡也是一种动态平衡，能向着生成更难解离或更难溶解的物质的方向移动。

【实验仪器及试剂】

离心机、电加热器、普通试管、离心试管、烧杯。HAc(2mol/L，6mol/L)、NaOH(2mol/L)、$NH_3 \cdot H_2O$(2mol/L，6mol/L)、$AgNO_3$、$CuSO_4$、$Al(NO_3)_3$、$K_3[Fe(CN)_6]$(0.1mol/L)、$FeCl_3$、KBr、KSCN、KI、NaCl(0.1mol/L)、$BaCl_2$(1mol/L)、NH_4F(4mol/L)、$Na_2S_2O_3$(1mol/L)、NH_4Cl(饱和)、铝试剂、pH 试纸。

【实验步骤】

1. 配位化合物的生成和组成

在两支试管中各加入 10 滴 0.1mol/L $CuSO_4$ 溶液，然后分别加入 2 滴 1mol/L $BaCl_2$ 溶液和 2 滴 2mol/L NaOH 溶液，观察生成的沉淀(分别是检验 SO_4^{2-} 和 Cu^{2+} 的方法)。

另取 10 滴 0.1mol/L $CuSO_4$ 溶液加入 6mol/L $NH_3 \cdot H_2O$ 至变成深蓝色溶液，然后将

深蓝色溶液分别盛在两支试管中，分别加入 2 滴 1mol/L BaCl$_2$ 溶液和 2 滴 2mol/L NaOH 溶液，观察是否都有沉淀产生。

根据上面实验的结果，说明 CuSO$_4$ 和 NH$_3$ 所形成的配位化合物的组成。

2. 简单离子与配位离子的比较及配位离子的颜色

在一支试管中滴入 5 滴 0.1mol/L FeCl$_3$ 溶液，加入 1 滴 0.1mol/L KSCN 溶液，观察现象（这是检验 Fe^{3+} 的方法）。然后将溶液用少量水稀释，逐滴加入 4mol/L NH$_4$F 溶液，观察现象并解释。

以 K$_3$[Fe(CN)$_6$] 溶液代替 FeCl$_3$ 溶液进行上述实验，观察现象是否与上述相同并解释。

3. 难溶化合物与配位离子的相互转化

向一支试管中加入 5 滴 0.1mol/L AgNO$_3$ 溶液，然后按下列顺序进行实验，并写出每一步骤反应的化学方程式。

（1）加入 1~2 滴 0.1mol/L NaCl 溶液至生成白色沉淀。

（2）滴加 6mol/L NH$_3$·H$_2$O 溶液，边滴边振荡至沉淀刚好溶解。

（3）加入 1~2 滴 0.1mol/L NaBr 溶液至生成浅黄色沉淀。

（4）滴加 1mol/L Na$_2$S$_2$O$_3$ 溶液，边滴边振荡至沉淀刚好溶解。

（5）加入 1~2 滴 0.1mol/L NaI 溶液至生成黄色沉淀。

4. 混合离子的分离鉴定

取 Ag$^+$、Cu^{2+}、Al^{3+} 的混合溶液 15 滴进行离子分离鉴定，画出分离鉴定过程示意图。

【思考题】

1. 通过实验总结简单离子形成配离子后，哪些性质会发生改变？

2. 影响配位平衡的主要因素是什么？

3. Fe^{3+} 可以将 I$^-$ 氧化为 I$_2$，而自身被还原成 Fe^{2+}，但 Fe^{2+} 的配离子 [Fe(CN)$_6$]$^{4-}$ 又可以将 I$_2$ 还原成 I$^-$，而自身被氧化成 [Fe(CN)$_6$]$^{3-}$，如何解释此现象？

实验二　EDTA 标准溶液（0.05mol/L）的配制与标定

【实验目的】

掌握 EDTA 标准溶液的配制和标定方法。

【实验原理】

EDTA 标准溶液常用乙二胺四乙酸的二钠盐（EDTA·2Na·2H$_2$O = 372.24）配制。EDTA·2Na·2H$_2$O 是白色结晶粉末，可以制成基准物质。一般不直接用 EDTA 配制标准溶液，而是先配制成大致浓度的溶液，然后以 ZnO 或 Zn 为基准物标定其浓度。滴定

在 $pH \approx 10$ 的条件下进行，以铬黑 T 为指示剂，溶液由紫红色变为纯蓝色时即为终点。

滴定过程中的反应式：

$$Zn^{2+} + HIn^{2-} \rightleftharpoons ZnIn^- + H^+$$

$$Zn^{2+} + H_2Y^{2-} \rightleftharpoons ZnY^{2-} + 2H^+$$

终点时的反应式：

$$ZnIn^- + H_2Y^{2-} \rightleftharpoons ZnY^{2-} + HIn^{2-} + H^+$$

（紫红色）　　　　　　　　（纯蓝色）

【实验仪器及试剂】

分析天平、台秤、50mL 碱式滴定管、250mL 锥形瓶、20mL 移液管、100mL 烧杯、10mL 量筒、洗耳球、表面皿。$NH_3 \cdot H_2O - NH_4Cl$ 缓冲溶液（$pH = 10$）、6mol/L HCl、1:1 氨水、纯锌粒、$EDTA - Na_2$（AR）、铬黑 T 指示剂。

【实验步骤】

1. EDTA 标准溶液（0.05mol/L）的配制

取 $EDTA \cdot 2Na \cdot 2H_2O$ 约 9.5g，加蒸馏水 500mL，使其溶解，摇匀，贮存在硬质玻璃瓶或聚乙烯塑料瓶中。

2. EDTA 标准溶液（0.05mol/L）的标定

以锌粒为基准物质，用分析天平准确称取纯锌粒 0.75 ~ 1.00g（准确至 0.1mg），置于 100mL 烧杯中，加 6mol/L HCl 溶液 5mL，盖好表面皿，使锌粒完全溶解。用蒸馏水冲洗表面皿和烧杯内壁，然后将溶液移入 250mL 容量瓶中，再冲洗表面皿和烧杯内壁数次，冲洗液全部移入容量瓶中，最后加水稀释至刻度，摇匀。准确移取 20mL 此溶液，置于锥形瓶中，逐滴加入 1:1 氨水至开始出现 $Zn(OH)_2$ 白色沉淀。再加 $NH_3 \cdot H_2O - NH_4Cl$ 缓冲溶液 10mL，加水稀释至约 100mL。加少许铬黑 T 指示剂，用待标定的 EDTA 标准溶液滴定至溶液由红色变为蓝色即为终点。平行测定 3 次，取其平均值。

【数据处理】

$$c_{EDTA} = \frac{w_{Zn} \times \dfrac{20.00}{250} \times 1000}{V_{EDTA} \times 65.38} (mol \cdot L^{-1})$$

【注意事项】

1. $EDTA \cdot 2Na \cdot 2H_2O$ 在水中溶解较慢，可加热使其溶解或放置过夜。

2. 贮存 EDTA 溶液应选用硬质玻璃瓶，如用聚乙烯瓶贮存更好；避免与橡皮塞、橡皮管等接触。

【思考题】

1. 为什么在滴定时要加 $NH_3 \cdot H_2O - NH_4Cl$ 缓冲液？

2. 若在调节溶液 pH = 10 的操作中，加入很多 $NH_3 \cdot H_2O$ 后未出现白色沉淀的原因是什么？应如何解决？

实验三　水中钙、镁含量的测定

【实验目的】

1. 学习 Ca^{2+}、Mg^{2+} 共存时分别测定 Ca^{2+}、Mg^{2+} 含量的方法。
2. 学习利用配位滴定原理测定水样总硬度的方法。
3. 进一步熟悉配位滴定的过程和指示剂的应用条件及终点变化。

【实验原理】

水中 Ca^{2+}、Mg^{2+} 含量是计算水硬度的主要指标。测定水样的总硬度，就是测定水样中 Ca^{2+}、Mg^{2+} 的总含量。一般先用盐酸酸化并加热，使水样中的 HCO_3^- 分解，防止在后面加入碱时生成碳酸盐沉淀而使测量结果偏低。然后再在 pH = 10 的氨性缓冲液中，以铬黑 T(EBT) 为指示剂，用 EDTA 标准溶液滴定至终点。

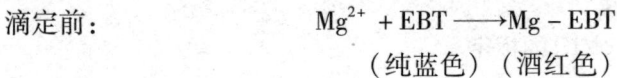

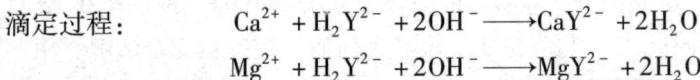

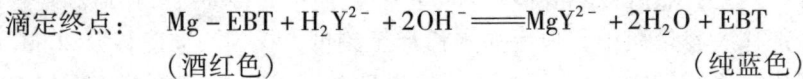

滴定前：
$$Mg^{2+} + EBT \longrightarrow Mg - EBT$$
（纯蓝色）（酒红色）

滴定过程：
$$Ca^{2+} + H_2Y^{2-} + 2OH^- \longrightarrow CaY^{2-} + 2H_2O$$
$$Mg^{2+} + H_2Y^{2-} + 2OH^- \longrightarrow MgY^{2-} + 2H_2O$$

滴定终点：
$$Mg - EBT + H_2Y^{2-} + 2OH^- \Longrightarrow MgY^{2-} + 2H_2O + EBT$$
（酒红色）　　　　　　　　　　　（纯蓝色）

其中稳定性关系：$CaY^{2-} > MgY^{2-} > Mg - EBT > Ca - EBT$

水的总硬度常以"度(°)"或"ppm"表示。1 度(1°)表示在每升水中含有的 Ca^{2+}、Mg^{2+} 的总量相当于 10mg CaO；1ppm 表示在每升水中含有 Ca^{2+}、Mg^{2+} 的总含量相当于 1mg $CaCO_3$。

滴定时水中微量 Al^{3+}、Fe^{3+} 的干扰可加三乙醇胺掩蔽；Cu^{2+}、Zn^{2+} 等重金属离子的干扰可加 Na_2S 或 KCN 掩蔽。

Ca^{2+}、Mg^{2+} 共存时分别测定 Ca^{2+}、Mg^{2+} 的含量。先将水样用 NaOH 溶液调节至 pH > 12(pH = 12～14)，此时 Mg^{2+} 完全转为 $Mg(OH)_2$ 沉淀，但 Ca^{2+} 不沉淀，加钙指示剂(NN)用 EDTA 标准溶液滴定至终点。

滴定前：
$$Ca^{2+} + NN \longrightarrow Ca - NN$$
（蓝色）（红色）

滴定过程：
$$Ca^{2+} + H_2Y^{2-} + 2OH^- \longrightarrow CaY^{2-} + 2H_2O$$

滴定终点：
$$Ca - NN + H_2Y^{2-} + 2OH^- \longrightarrow CaY^{2-} + 2H_2O + NN$$
（红色）　　　　　　　　　　　（蓝色）

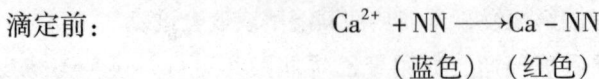

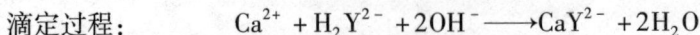

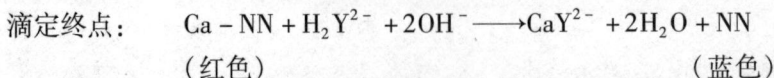

根据 EDTA 标准溶液的浓度和用量计算出 Ca^{2+}、Mg^{2+} 的总含量和 Ca^{2+} 的含量，进

而求出 Mg^{2+} 的含量。

【实验仪器及试剂】

滴定管、锥形瓶、烧杯、移液管。$1:1$ HCl 溶液、0.01 mol/L EDTA 标准液、20% 三乙醇胺水溶液、2% Na_2S 溶液、$NH_3 - NH_4Cl$ 缓冲液（pH = 10）[将 20g NH_4Cl 溶于少量水，加 100mL 浓氨水（15mol/L），加水稀释至 1L]、0.5% 铬黑 T 指示剂（0.5g 铬黑 T 加入 75mL 三乙醇胺，再加 25mL 无水乙醇）、钙指示剂（NN）（与无水 Na_2SO_4 以 $1:100$ 比例或与 NaCl 以 $1:100$ 比例混合，研磨均匀，贮于棕色瓶后置干燥器中）。

【实验步骤】

1. 水样的总硬度（水中 Ca^{2+}、Mg^{2+} 的总量测定）

用 50mL 移液管吸取水样 100.00mL 两份于两只 250mL 锥瓶中，各加 $1:1$ HCl 溶液数滴酸化（用刚果红试纸试验，由红变蓝），微沸 2 分钟，冷却后加 20% 三乙醇胺溶液 5mL、$NH_3 - NH_4Cl$ 缓冲液 10mL 及 2% Na_2S 溶液 1mL，再加 4~5 滴铬黑 T 指示剂，在相同的条件下以 EDTA 标准溶液滴定至溶液由酒红色恰好变为纯蓝色，即为滴定终点。记录滴加的 EDTA 标准溶液体积 V_1。

水的总硬度计算公式为：

$$(°) = \frac{c_{EDTA} \cdot V_1 \cdot M_{CaO}}{V} \times 1000$$

$$(ppm) = \frac{c_{EDTA} \cdot V_1 \cdot M_{CaCO_3}}{V} \times 1000$$

2. 水样中 Ca^{2+}、Mg^{2+} 的含量测定

另取 100.00mL 水样两份于两只 250mL 锥瓶中，各加 $1:1$ HCl 溶液数滴酸化，微沸 2 分钟，冷却后加 20% 三乙醇胺溶液 5mL 和 10% NaOH 溶液 10mL，使溶液 pH 达到 12~14，再加约 30mg 钙指示剂（小心不要加得太多，先加少量，颜色不够红再加）。在相同条件下以 EDTA 标准溶液滴定至溶液由红色恰好变为蓝色，即为滴定终点。记录滴加的 EDTA 体积 V_2。每升水样中含有的 Ca^{2+} 和 Mg^{2+} 的量的计算公式为：

$$Ca^{2+}(mg/L) = \frac{c_{EDTA} \cdot V_2 \cdot M_{Ca}}{V} \times 1000$$

$$Mg^{2+}(mg/L) = \frac{c_{EDTA} \cdot (V_1 - V_2) \cdot M_{Mg}}{V} \times 1000$$

【注意事项】

1. 一般水样的测定因干扰离子浓度很低可以不加掩蔽剂，亦可不必在滴定前酸化处理，直接加缓冲液即可滴定。

2. Mg^{2+} 的含量较低时，终点变色不敏锐，可以预先在 $NH_3 - NH_4Cl$ 缓冲液中加入适量的 MgY。

3. 三乙醇胺作掩蔽剂掩蔽 Fe^{3+}、Al^{3+}，必须在酸性溶液中使用，然后再以碱调节 pH 至呈碱性，否则达不到掩蔽效果。

4. 若用 KCN 掩蔽 Cu^{2+}、Zn^{2+} 等离子，必须在碱性溶液中使用；若在酸性溶液中使用，则易产生挥发性的 HCN 剧毒气体，造成空气污染。

5. 测定 Ca^{2+} 时，加入 NaOH 溶液生成 $Mg(OH)_2$ 沉淀；若沉淀量多则可能吸附 Ca^{2+}，使 Ca^{2+} 的测定结果偏低，此时需加入糊精或阿拉伯树胶，以消除吸附现象。糊精浓度为 5%，加入约 10mL，再以 EDTA 滴定至指示剂变为蓝色。

【思考题】

1. 什么叫水的硬度？水的硬度有哪几种表示方法？
2. 水样滴定前为何需先用 HCl 酸化？
3. EDTA、铬黑 T 分别与 Ca^{2+}、Mg^{2+} 形成的配合物稳定性顺序如何？
4. 为什么滴定 Ca^{2+}、Mg^{2+} 总量时要控制溶液 pH = 10？滴定 Ca^{2+} 时要控制 pH = 12？

实验四　铅、铋混合液中铅、铋含量的连续测定

【实验目的】

1. 掌握通过控制不同溶液酸度连续测定铅、铋离子的原理和方法。
2. 掌握二甲酚橙指示剂的使用条件和确定终点的方法。

【实验原理】

Bi^{3+} 和 Pb^{2+} 均可与 EDTA 形成稳定的 1∶1 型配合物，且彼此的稳定性差别很大（$\lg K_{BiY} = 27.94$，$\lg K_{PbY} = 18.04$，$\Delta\lg K = \lg K_{BiY} - \lg K_{PbY} = 27.94 - 18.04 = 8.9 > 5$），因此有可能在 Pb^{2+} 存在的条件下选择适当的条件测定 Bi^{3+}。二甲酚橙（XO）在 pH < 6 时呈黄色，与 Bi^{3+} 和 Pb^{2+} 均能形成紫红色配合物，且与 Bi^{3+} 的配合物更稳定，因此可作为 Bi^{3+} 与 Pb^{2+} 连续滴定的指示剂。

本实验通过控制溶液酸度的方法在一份试液中连续滴定 Bi^{3+} 与 Pb^{2+}。测定时先将试液酸度调节至 pH ≈ 1，此时由于 EDTA 和二甲酚橙的酸效应较大，故均不与 Pb^{2+} 反应，而与 Bi^{3+} 反应；加入 XO 指示剂，此时溶液呈紫红色，然后用 EDTA 标准溶液滴定至试液颜色由紫红色经红色、橙色突变至亮黄色，即为第一个终点。根据消耗 EDTA 标准溶液的体积及相关数据可计算出试样中 Bi 的含量。

在上述试液中加入六亚甲基四胺 $[(CH_2)_6N_4]$，调节试液 pH 为 5~6。此时试液中 Pb^{2+} 与 XO 反应，形成紫红色配合物，继续用 EDTA 标准溶液滴定至试液颜色再次突变至亮黄色，即为第二个终点。根据消耗 EDTA 标准溶液的体积及相关数据，可以计算出试样中 Pb 的含量。

为了使标定与测定在相同的实验条件下进行，故采用 ZnO 基准物质标定 EDTA 溶液

浓度，二甲酚橙为指示剂，测定在 pH 为 5~6 的六亚甲基四胺[(CH₂)₆N₄]缓冲溶液中进行，终点颜色变化与试液测定一致。

【实验仪器及试剂】

酸式滴定管、锥形瓶、容量瓶、移液管、烧杯、洗瓶。ZnO(基准物质，在 800℃灼烧至恒重，然后放入干燥器内冷却后备用)、乙二胺四乙酸的二钠盐(EDTA)、0.2% 二甲酚橙(XO)水溶液、20% 六亚甲基四胺[(CH₂)₆N₄]溶液(pH = 5.5，称取 200g 溶于水，加入 40mL 浓盐酸，稀释至 1L)、1∶1HCl 溶液、0.5mol/LNaOH 溶液、0.1mol/LHNO₃溶液、精密 pH 试纸(pH 为 0.5~5.0)、待测铅、铋试液[0.2mol/L，称取 6.6g Pb(NO₃)₂和 9.7g Bi(NO₃)₃于烧杯中，加入 31mL 0.1mol/L HNO₃溶液，加热使其完全溶解，稀释至 1L]。

【实验步骤】

1. 0.02mol/L EDTA 标准溶液的配制与标定

(1)0.02mol/L EDTA 溶液的配制：在台秤上称量一定量的 EDTA 二钠盐固体于小烧杯中，加入约 50mL 水，微热使其完全溶解，冷却后转入 500mL 试剂瓶(如需保存，则用聚乙烯瓶)中，用水涮洗烧杯 2~3 次，并将涮洗液并入试剂瓶，继续加水至总体积约为 500mL，盖好瓶口，摇匀，贴上标签。

(2)0.02mol/L 的锌标准溶液的配置：准确称取一定质量(0.32~0.42g)ZnO 于小烧杯中，加几滴水使其成糊状，逐滴滴加 3~5mL 1∶1HCl 溶液，略微转动烧杯底，使试样完全溶解。将溶液定量转入 250mL 容量瓶中，用水稀释至刻度，摇匀。

(3)EDTA 溶液的标定：用移液管准确移取 25.00mL Zn²⁺ 标准溶液于 250mL 锥形瓶中，加入 1~2 滴二甲酚橙指示剂，逐滴滴加六亚甲基四胺溶液，使试液呈现稳定的紫红色后，再过量加入 5mL 六亚甲基四胺溶液。用 EDTA 溶液滴定至溶液由紫红色突变至亮黄色，即为终点。记录所消耗 EDTA 溶液的体积，平行测定 3 次。

2. Bi³⁺、Pb²⁺ 待测试液的测定

移取 25.00mL 铅、铋待测试液于锥形瓶中，加入 10mL 0.1mol/L HNO₃溶液和 1~2 滴二甲酚橙指示剂，用 EDTA 溶液滴定至由紫红色突变至亮黄色，即为第一终点。记录消耗 EDTA 溶液的体积 V_1。

在上述滴定试液中，补加二甲酚橙指示剂 1~2 滴，逐滴滴加六亚甲基四胺溶液使试液呈现稳定的紫红色后，再过量加入 5mL 六亚甲基四胺溶液，使溶液由亮黄色变为紫红色，继续用 EDTA 标准溶液滴定至由紫红色再次突变至亮黄色，即为第二终点。记录消耗 EDTA 溶液的体积 V_2。平行测定 3 次。

【实验数据和结果】

写出有关公式，将实验数据和计算结果填入表 2-13 和表 2-14。根据 V_1、V_2 及相关数据计算 Zn²⁺ 标准溶液的浓度、EDTA 标准溶液的浓度、待测试液中 Bi³⁺、Pb²⁺ 的含

量(以质量浓度 P 表示)，并计算 3 次测定结果的相对标准偏差。对标定结果要求相对平均偏差小于 0.2% ，对测定结果要求相对标准偏差小于 0.3% 。

表 2-13　Zn²⁺ 标准溶液标定 EDTA

滴定编号	1	2	3
$c_{Zn^{2+}}$ (mol/L)			
$V_{Zn^{2+}}$ (mL)			
V_{EDTA} (mL)			
c_{EDTA} (mol/L)			
c_{EDTA} 平均值(mol/L)			
相对平均偏差			
相对标准偏差			

表 2-14　Bi³⁺、Pb²⁺ 的含量

滴定编号	1	2	3
V_{1EDTA} (mL)			
$V_{试样}$ (mL)			
P_{Bi} (g/L)			
P_{Bi} 平均值(g/L)			
相对平均偏差			
相对标准偏差			
V_{2EDTA} (mL)			
P_{Pb} (g/L)			
P_{Pb} 平均值(g/L)			
相对平均偏差			
相对标准偏差			

【思考题】

1. 滴定 Bi³⁺ 需控制溶液酸度 pH≈1，若酸度过低或过高对测定结果有何影响？实验中是如何控制所需酸度的？

2. 滴定 Pb²⁺ 前要调节 pH≈5，为什么用 $(CH_2)_6N_4$ 而不使用强碱、氨水或乙酸钠等弱碱？ $(CH_2)_6N_4$ 加入量过多或过少会对滴定产生什么影响？

第五节　氧化还原滴定实验

实验一　KMnO₄ 标准溶液的配制和标定

【实验目的】

1. 学习 KMnO₄ 溶液的配制方法和保存条件。
2. 掌握用 Na₂C₂O₄ 标定 KMnO₄ 的原理、方法及滴定条件。

【实验原理】

高锰酸钾试剂中常含有少量 MnO_2 和其他杂质，须用间接配制法配制 KMnO₄ 溶液。本实验是用基准物质 $Na_2C_2O_4$ 标定出 KMnO₄ 溶液的准确浓度。

$$2MnO_4^- + 5C_2O_4^{2-} + 16H^+ =\!=\!=\!= 2Mn^{2+} + 10CO_2\uparrow + 8H_2O$$

【实验仪器及试剂】

分析天平、称量瓶、酸式滴定管、锥形瓶、移液管、容量瓶、烧杯、量筒、水浴锅。$Na_2C_2O_4$ 基准物质(105~110℃烘干 2 小时)、H_2SO_4(3mol/L)、KMnO₄(AR)。

【实验步骤】

1. KMnO₄ 溶液的配制

称取 KMnO₄ 固体约 1.6g，溶于 500mL 水中，盖上表面皿，加热至沸并保持微沸约 1 小时，放置 2~3 天，然后用玻璃砂芯漏斗过滤，保存于棕色瓶中待标定。

2. KMnO₄ 溶液的标定

准确称取 0.14~0.16g $Na_2C_2O_4$ 基准物质于 250mL 锥形瓶中，加 40mL 水使之溶解，加入 10mL H_2SO_4 溶液，在水浴中加热到 70~80℃，趁热用 KMnO₄ 溶液滴定。开始滴定时反应速度慢，待溶液中产生了 Mn^{2+} 之后，滴定速度可加快。滴定溶液至微红色并持续 30 秒不褪色即为终点。平行测定 2 次。

【实验数据和结果】

表 2-15　用 KMnO₄ 溶液标定数据记录

编号	$m_{Na_2C_2O_4}$(g)	V_{KMnO_4}(mL)	c_{KMnO_4}(mol/L)	c_{KMnO_4}平均值
1				
2				

【注意事项】

1. 滴定反应温度的控制(70~80℃)。

2. 滴定速度的控制(先慢后快)。

3. $KMnO_4$颜色深,读数时应以液面的上缘为准。

【思考题】

1. 配制好的 $KMnO_4$ 溶液应储存在棕色试剂瓶中,滴定时则盛放在酸式滴定管中,为什么?如果盛放时间较长,壁上呈棕褐色的是什么?如何清洗除去?

2. 用 $Na_2C_2O_4$ 标定 $KMnO_4$ 时,为什么须在 H_2SO_4 介质中进行?用 HNO_3 或 HCl 调节酸度可以么?

3. 用 $Na_2C_2O_4$ 标定 $KMnO_4$ 时,为什么要加热到 70~80℃?溶液温度过高或过低有何影响?

4. 标定 $KMnO_4$ 溶液时,为什么第一滴 $KMnO_4$ 加入后溶液红色褪去很慢,而后红色褪去越来越快?

5. 标定 $KMnO_4$ 溶液时,开始加入 $KMnO_4$ 的速度太快,会造成什么后果?

实验二 过氧化氢含量的测定

【实验目的】

1. 掌握用高锰酸钾法测定过氧化氢含量的原理和方法。

2. 掌握高锰酸钾自身指示剂的应用及终点的判断。

【实验原理】

在稀硫酸溶液中用 $KMnO_4$ 标准溶液滴定过氧化氢,其反应式为:

$$2MnO_4^- + 5H_2O_2 + 6H^+ \Longrightarrow 2Mn^{2+} + 5O_2 \uparrow + 8H_2O$$

开始时反应速率很慢,可加入少量 Mn^{2+} 为催化剂,待有 Mn^{2+} 生成后,可起到自催化作用而使滴定顺利完成。

【实验仪器及试剂】

酸式滴定管、锥形瓶、移液管、量筒。H_2O_2 溶液(约 0.2%)、$KMnO_4$ 标准溶液、H_2SO_4(3mol/L)、$MnSO_4$(1mol/L)。

【实验步骤】

精密移取 20.00mL H_2O_2 溶液于 250mL 锥形瓶中,加入 10mL H_2SO_4 溶液及 2~3 滴

$MnSO_4$ 溶液。用 $KMnO_4$ 标准溶液滴定至微红色并持续 30 秒内不褪色，即为终点。平行测定 3 次。

【实验数据和结果】

表 2-16 用 $KMnO_4$ 滴定 H_2O_2

编号	V_{KMnO_4} (mL)	$c_{H_2O_2}$ (%)	$c_{H_2O_2}$ 平均值
1			
2			
3			

【思考题】

1. 用高锰酸钾法测定 H_2O_2 时，为何不能通过加热来加速反应？
2. 除 $KMnO_4$ 法外，还有什么方法可以测定 H_2O_2 含量？
3. 若用碘量法测定应怎样做？这种方法有什么优点？

实验三 I_2 标准溶液 (0.05mol/L) 的配制与标定

【实验目的】

1. 掌握碘标准溶液的配制方法和注意事项。
2. 了解直接碘量法的操作过程。

【实验原理】

用升华法制得的纯碘，可以直接用于配制标准溶液。由于碘在室温时的升华压为 0.31mm，称量时易引起损失；加之碘蒸气对天平零件具有一定的腐蚀作用，故碘标准溶液多采用间接法配制。碘在纯水中的溶解度很小，通常都是利用 I_2 与 I^- 生成 I_3^- 络离子的反应，配制成有过量碘化钾存在的碘溶液。I_3^- 的形成增大了碘的溶解度，也减小了碘的挥发损失。由于光照和受热都能促使溶液中 I^- 的氧化，所以配好的含有碘化钾的碘标准溶液应放在棕色瓶中，置于暗处保存。可先标出 $Na_2S_2O_3$ 溶液的浓度，然后再用 $Na_2S_2O_3$ 溶液标定 I_2 溶液。

$$2Na_2S_2O_3 + I_2 = 2NaI + Na_2S_4O_6$$

【实验仪器及试剂】

I_2（分析纯）、KI（分析纯）、淀粉指示剂（1g/L）、硫代硫酸钠标准滴定溶液（0.1mol/L）。

【实验步骤】

1. I_2 溶液的配制

取 I_2 13g，加 KI 溶液（36g KI 溶于 30mL 水中），溶解后，加浓盐酸 3 滴与蒸馏水 1000mL，盛于棕色瓶中，摇匀，用垂熔玻璃滤器滤过。

2. I_2 溶液的标定

准确量取 20 ~ 25mL 碘液，加 50mL 水、30mL 0.1mol/L HCl 溶液，摇匀，用 0.1mol/L $Na_2S_2O_3$ 标准溶液滴定，近终点（微黄色）时加 30mL 0.5% 淀粉指示剂，继续滴定至溶液蓝色消失，即为终点。标定操作平行重复 3 次，相对偏差不超过 0.2%。

【实验数据和结果】

$$c = \frac{V_1 \times c_1}{V}$$

公式中：V_1——滴定消耗 $Na_2S_2O_3$ 标准溶液体积（mL）；

c_1——$Na_2S_2O_3$ 标准溶液浓度（mol/L）；

V——吸取碘液体积（mL）。

【注意事项】

1. 配制碘标准溶液时加入浓盐酸的目的有两个：其一是为了把 KI 试剂中可能含有的 KIO_3 杂质在标定前通过下列反应还原成 I_2，以免影响以后的测定。其二是因为在配制硫代硫酸钠标准溶液时加入了少量的碳酸钠，在碘溶液中加入盐酸，保证滴定反应不致在碱性环境中进行。

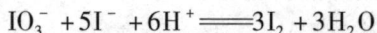

$$IO_3^- + 5I^- + 6H^+ \Longrightarrow 3I_2 + 3H_2O$$

2. 碘溶液对橡胶有腐蚀作用，故必须用酸式滴定管滴定。

3. 碘在稀碘化钾溶液中溶解速度缓慢，故通常将其溶于浓碘化钾溶液中，待完全溶解后再行稀释。

【思考题】

1. 配制 I_2 标准溶液时为什么加 KI？将称得的 I_2 和 KI 一起加水到一定体积是否可以？

2. 碘标准溶液呈深棕色，装入滴定管中弯月面看不清楚，应如何读数？

3. 配制碘溶液时，为什么要加入 3 滴浓盐酸？

实验四 硫代硫酸钠标准溶液的配制和标定

【实验目的】

1. 掌握 $Na_2S_2O_3$ 溶液的配制方法和保存条件。

2. 了解标定 $Na_2S_2O_3$ 溶液浓度的原理和方法。

【实验原理】

结晶 $Na_2S_2O_3 \cdot 5H_2O$ 一般含有少量的杂质，如 S、Na_2SO_3、Na_2SO_4、Na_2CO_3 及 NaCl 等，同时还容易风化和潮解。因此，不能直接配制标准溶液。Na_2SO_3 溶液易受空气和微生物等的作用而分解，其分解原因是：

1. 与溶解于溶液中的 CO_2 作用

硫代硫酸钠在中性或碱性溶液中较稳定，当 pH < 4.6 时则极不稳定。溶液中含有 CO_2 时会促进 $Na_2S_2O_3$ 分解。

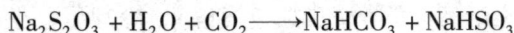
$$Na_2S_2O_3 + H_2O + CO_2 \longrightarrow NaHCO_3 + NaHSO_3$$

此分解作用一般都在制成溶液后的最初 10 天内进行，分解后一分子的 $Na_2S_2O_3$ 变成一分子的 $NaHSO_3$。一分子 $Na_2S_2O_3$ 只能和一个碘原子作用，而一分子的 $NaHSO_3$ 却能和两个碘原子作用。因而使溶液浓度(对碘的作用)有所增加，以后由于空气的氧化作用，浓度又慢慢减小。pH 在 9~10 时 $Na_2S_2O_3$ 溶液最为稳定。在 $Na_2S_2O_3$ 溶液中加入少量 Na_2CO_3(使其在溶液中的浓度为 0.02%)可防止 $Na_2S_2O_3$ 分解。

2. 空气氧化作用

$$2Na_2S_2O_3 + O_2 \longrightarrow 2Na_2SO_4 + 2S \downarrow$$

3. 微生物作用

这是使 $Na_2S_2O_3$ 分解的主要原因。

$$Na_2S_2O_3 \rightarrow Na_2SO_3 + S \downarrow$$

为避免微生物的分解作用，可加入少量 HgI_2(10mg/L)。为减少溶解在水中的 CO_2 和杀死水中微生物，应用新煮沸冷却后的蒸馏水配置溶液。日光能促进 $Na_2S_2O_3$ 溶液的分解，所以 $Na_2S_2O_3$ 溶液应贮存于棕色试剂瓶中，放置于暗处，经 8~14 天后再进行标定。长期使用的溶液应定期标定。

标定 $Na_2S_2O_3$ 溶液的基准物有 $K_2Cr_2O_7$、KIO_3、$KBrO_3$ 和纯铜等。通常使用 $K_2Cr_2O_7$ 基准物标定溶液的浓度，$K_2Cr_2O_7$ 先与 KI 反应析出 I_2。

$$Cr_2O_7^{2-} + 6I^- + 14H^+ \Longrightarrow 2Cr^{2+} + 3I_2 \downarrow + 7H_2O$$

析出 I_2 的再用 $Na_2S_2O_3$ 标准溶液滴定。

$$I_2 + 2S_2O_3^{2-} \Longrightarrow S_4O_6^{2-} + 2I^-$$

这个标定方法是间接碘量法的应用实例。

【实验仪器及试剂】

电子分析天平、台秤、滴定管、锥形瓶、烧杯、电炉。$Na_2S_2O_3 \cdot 5H_2O(s)$、$Na_2CO_3(s)$、$KI(s)$、$K_2Cr_2O_7(s)$、2mol/L HCl、5% 淀粉溶液(0.5g 淀粉，加少量水调成糊状，倒入 100mL 煮沸的蒸馏水中，煮沸 5 分钟冷却)。

【实验步骤】

1. 0.1mol/L $Na_2S_2O_3$溶液的配制

先计算出配制 0.1mol/L $Na_2S_2O_3$溶液 400mL 所需的 $Na_2S_2O_3 \cdot 5H_2O$ 的质量。

在台秤上称取所需的 $Na_2S_2O_3 \cdot 5H_2O$，放入 500mL 棕色试剂瓶中，加入 100mL 新煮沸并冷却的蒸馏水，摇动使之溶解，等溶解完全后加入 0.2g Na_2CO_3，用新煮沸并冷却的蒸馏水稀释至 400mL，摇匀，在暗处放置 7 天后，标定其浓度。

2. 0.017mol/L $K_2Cr_2O_7$溶液的配制

准确称取经二次重结晶并在 150℃烘干 1 小时的 $K_2Cr_2O_7$1.2～1.3g 于 150mL 小烧杯中，加蒸馏水 30mL 使之溶解（可稍加热加速溶解），冷却后，小心转入 250mL 容量瓶中，用蒸馏水淋洗小烧杯 3 次，每次洗液均小心转入 250mL 容量瓶中，然后用蒸馏水稀释至刻度，摇匀，计算出 $K_2Cr_2O_7$标液的准确浓度。

3. $Na_2S_2O_3$溶液的标定

用 25mL 移液管准确吸取 $K_2Cr_2O_7$标准溶液两份，分别放入 250mL 锥形瓶中，加固体 KI 1g 和 2mol/L HCl 15mL，充分摇匀后用表皿盖好，放在暗处 5 分钟，然后用 50mL 蒸馏水稀释，用 0.1mol/L $Na_2S_2O_3$溶液滴定到呈浅黄绿色，然后加入 0.5% 淀粉溶液 5mL，继续滴定到蓝色消失而变为 Cr^{3+} 的绿色即为终点。根据所取的 $K_2Cr_2O_7$ 的体积、浓度及滴定中消耗 $Na_2S_2O_3$溶液的体积，计算 $Na_2S_2O_3$溶液的准确浓度。

【思考题】

1. $Na_2S_2O_3$标准溶液如何配制？如何标定？

2. 用 $K_2Cr_2O_7$作基准物标定 $Na_2S_2O_3$溶液浓度时，为什么要加入过量的 KI 和 HCl 溶液？为什么要放置一定时间后才加水稀释？如果加 KI 不加 HCl 溶液；或加酸后不放置于暗处；或不放置或少放置一定时间即加水稀释，会产生什么影响？

3. 写出用 $K_2Cr_2O_7$溶液标定 $Na_2S_2O_3$溶液的反应式和浓度计算公式。

实验五   维生素 C 的含量测定（直接碘量法）

【实验目的】

1. 掌握碘标准溶液的配制和标定方法。
2. 了解直接碘量法测定维生素 C 的原理和方法。

【实验原理】

维生素 C(VitC)又称抗坏血酸，分子式为 $C_6H_8O_6$，分子量为 176.1232g/mol。维生素 C 具有还原性，可被 I_2 定量氧化，因而可用 I_2 标准溶液直接滴定。其滴定反应式为：

$$C_6H_8O_6 + I_2 \Longrightarrow C_6H_6O_6 + 2HI$$

由于维生素 C 的还原性很强，较易被溶液和空气中的氧氧化，在碱性介质中这种氧化作用更强，因此滴定宜在酸性介质中进行，以减少副反应的发生。考虑到 I⁻ 在强酸性溶液中也易被氧化，故一般选在 pH 为 3~4 的弱酸性溶液中进行滴定。

【实验仪器及试剂】

移液管、锥形瓶、滴定管。I_2 溶液(约 0.05mol/L，称取 3.3g I_2 和 5g KI，置于研钵中，加少量水，在通风橱中研磨，待 I_2 全部溶解后，将溶液转入棕色试剂瓶中，加水稀释至 250mL，充分摇匀，放于阴暗处保存)、$Na_2S_2O_3$ 标准溶液(0.1127mol/L)、HAc(2mol/L)、淀粉溶液、维生素 C 片剂、KI 溶液。

【实验步骤】

1. I_2 溶液的标定

用移液管移取 20.00mL $Na_2S_2O_3$ 标准溶液于 250mL 锥形瓶中，加 40mL 蒸馏水、4mL 淀粉溶液，然后用 I_2 溶液滴定至溶液呈浅蓝色，30 秒内不褪色即为终点。平行标定 3 份，计算 $c(I_2)$。

2. 维生素 C 片剂中 Vc 含量的测定

准确称取 2 片维生素 C 药片，置于 250mL 锥形瓶中，加入 100mL 新煮沸过并冷却的蒸馏水、10mL HAc 溶液和 5mL 淀粉溶液，立即用 I_2 标准溶液滴定至出现稳定的浅蓝色，且在 30 秒内不褪色即为终点，记下消耗的 $V(I_2)$。平行滴定 3 份，计算试样中 Vc 的质量分数。

【实验数据和结果】

1. I_2 溶液的标定

表 2-17 用 $Na_2S_2O_3$ 标定 I_2 溶液

编号	1	2	3
$c_{Na_2S_2O_3}$ (mol/L)		0.1127	
$V_{Na_2S_2O_3}$ (mL)		20.00	
V_{I_2} (mL)			
c_{I_2} (mol/L)			
平均 c_{I_2} (mol/L)			
$dr(\%)$			
$\overline{dr}(\%)$			

2. 维生素 C 片剂中 Vc 含量的测定

表 2 – 18　Vc 含量测定

编号	1	2	3
c_{I_2} (mol/L)			
$m_{药片}$ (g)			
V_{I_2} (mL)			
ω_{Vc} (%)			
平均 ω_{Vc} (%)			
dr (%)			
$\overline{dr}$ (%)			

【思考题】

1. 溶解 I_2 时，加入过量 KI 的作用是什么?

2. 维生素 C 固体试样溶解时为何要加入新煮沸并冷却的蒸馏水?

3. 碘量法的误差来源有哪些? 应采取哪些措施减少误差?

实验六　铜盐的含量测定(间接碘量法)

【实验目的】

1. 学会碘量法的操作；掌握间接碘量法测定铜的原理和条件。

2. 学会淀粉指示剂的正确使用；了解其变色原理。

3. 掌握氧化还原滴定法的原理；熟悉其滴定条件和操作。

【实验原理】

在弱酸性溶液中 Cu^{2+} 与过量 KI 作用生成 CuI 沉淀，同时析出确定量的 I_2。反应方程式为:

$$2Cu^{2+} + 4I^- ＝＝2CuI \downarrow + I_2$$

析出的 I_2 以淀粉为指示剂，用 $Na_2S_2O_3$ 标准溶液滴定:

$$I_2 + 2S_2O_3^{2-} ＝＝2I^- + S_4O_6^{2-}$$

上述反应是可逆的，为了促使反应能趋于完全，实际上必须加入过量的 KI，同时由于 CuI 沉淀强烈地吸附 I_2，使测定结果偏低。如果加入 KSCN，则可使 CuI($K_{sp} = 5.06 \times 10^{-12}$)转化为溶解度更小的 CuSCN($K_{sp} = 4.8 \times 10^{-15}$)。

$$CuI + SCN^- ＝＝CuSCN \downarrow + I^-$$

这样不但可以释放出被吸附的 I_2，而且反应时再生出来的 I^- 会与未反应的 Cu^{2+} 发生作用。在这种情况下，可以使用较少的 KI 而使反应进行得更完全。但 KSCN 只能在反应接近终点时加入，否则 SCN^- 可能直接还原 Cu^{2+} 而使结果偏低：

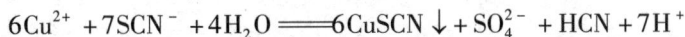

$$6Cu^{2+} + 7SCN^- + 4H_2O \Longrightarrow 6CuSCN\downarrow + SO_4^{2-} + HCN + 7H^+$$

为防止铜盐水解，反应必须在酸性溶液中进行。酸度过低，Cu^{2+} 氧化 I^- 不完全，使结果偏低且反应速度慢、终点拖长；酸度过高，则 I^- 被空气氧化为 I_2，使 Cu^{2+} 的测定结果偏高。

大量 Cl^- 能与 Cu^{2+} 络合，I^- 不能从 Cu^{2+} 的氯络合物中将 Cu^{2+} 定量地还原，因此，最好用 H_2SO_4 而不用 HCl。

矿石或合金中的铜也可用碘量法测定，但必须设法防止其他能氧化 I^- 的物质(如 NO_3^-、Fe^{3+} 等)的干扰。防止的方法是加入掩蔽剂以掩蔽干扰离子(如使 Fe^{3+} 生成 FeF_6^{3-} 而被掩蔽)或在测定前将它们分离出去。若有 As(V)、Sb(V)存在，应将 pH 调至 4，以免其氧化 I^-。

【实验仪器及试剂】

分析天平、台秤、碱式滴定管、锥形瓶(250mL)、移液管(25mL)、容量瓶(250mL)、烧杯、碘量瓶(250mL)。$K_2Cr_2O_7$(s)(AR)(于 140℃ 电烘箱中干燥 2 小时，贮于干燥器中备用)、$Na_2S_2O_3 \cdot 5H_2O$(s)(AR)、Na_2CO_3(s)(AR)、KI(20%)、HCl(6mol/L)、淀粉溶液(0.5%)、$CuSO_4 \cdot 5H_2O$(s)(AR)、H_2SO_4(1mol/L)、NH_4SCN(10%)。

【实验步骤】

准确称取 $CuSO_4 \cdot 5H_2O$ 样品 5～6g，置于 100mL 烧杯中，加 1mL 1mol/L H_2SO_4 和少量去离子水溶解试样，定量转移于 250mL 容量瓶中，用水稀释至刻度，摇匀。

移取上述试液 25.00mL 置于 250mL 锥形瓶中，加 1mol/L H_2SO_4 4mL、去离子水 50mL、20% KI 溶液 5mL，立即用 $Na_2S_2O_3$ 标准溶液滴定至呈浅黄色。然后加入 0.5% 淀粉溶液 3mL，继续滴定至溶液呈浅蓝色。再加入 10% NH_4SCN 溶液 10mL，摇匀后溶液的蓝色转浑。继续滴定到蓝色刚好消失，此时溶液呈 CuSCN 的米色悬浮液即为滴定终点。根据所消耗 $Na_2S_2O_3$ 标准溶液的体积，计算出铜的百分含量。平行测定 3 次。

【注意事项】

1. 若无碘量瓶，可用锥形瓶盖上表面皿代替。

2. 淀粉溶液必须在接近终点时加入，否则易引起淀粉凝聚，而且吸附在淀粉上的 I_2 不易释出，影响测定结果。

3. 滴定完了的溶液放置后会变蓝色，是由于光照可加速空气氧化溶液中的 I^- 生成少量的 I_2 所致，酸度越大此反应越快。如经过 5～10 分钟后才变蓝属于正常；如很快而且又不断变蓝，则说明 $K_2Cr_2O_7$ 和 KI 的作用在滴定前进行得不完全，溶液稀释得太早。遇到后一种情况，实验应重做。

4. 注意平行原则。KI 做一份加一份。

【思考题】

1. 在标定过程中加入 KI 的目的何在？为什么不能直接标定？
2. 要使 $Na_2S_2O_3$ 溶液的浓度比较稳定，应如何配制和保存？
3. 为什么碘量法测定铜含量必须在弱酸性溶液中进行？
4. 淀粉指示剂和 NH_4SCN 应在什么情况下加入？为什么？
5. 在碘量法测定铜含量时，能否用盐酸或硝酸代替硫酸进行酸化？为什么？

实验七　碘量法测定葡萄糖的含量

【实验目的】

1. 学会间接碘量法测定葡萄糖含量的方法和原理；进一步掌握返滴定法技能。
2. 进一步熟悉酸式滴定管的操作；掌握有色溶液滴定时体积的正确读法。

【实验原理】

I_2 与 NaOH 作用可生成次碘酸钠(NaIO)，次碘酸钠可将葡萄糖($C_6H_{12}O_6$)分子中的醛基定量氧化为羧基。未与葡萄糖作用的次碘酸钠在碱性溶液中歧化生成 NaI 和 $NaIO_3$。当酸化时 $NaIO_3$ 又恢复成 I_2 析出，用 $Na_2S_2O_3$ 标准溶液滴定析出的 I_2，进而计算出葡萄糖的含量。

I_2 与 NaOH 作用：

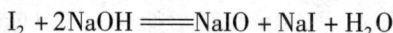

$$I_2 + 2NaOH =\!=\!= NaIO + NaI + H_2O$$

$C_6H_{12}O_6$ 和 NaIO 定量作用：

$$C_6H_{12}O_6 + NaIO =\!=\!= C_6H_{12}O_7 + NaI$$

总反应式：

$$I_2 + C_6H_{12}O_6 + 2NaOH =\!=\!= C_6H_{12}O_7 + 2NaI + H_2O$$

$C_6H_{12}O_6$ 作用完后，过量的 NaIO 发生歧化反应：

$$3NaIO =\!=\!= NaIO_3 + 2NaI$$

在酸性条件下 $NaIO_3$ 和 NaI 作用：

$$NaIO_3 + 5NaI + 6HCl =\!=\!= 3I_2 + 6NaCl + 3H_2O$$

析出过量的 I_2 用 $Na_2S_2O_3$ 标准溶液滴定：

$$I_2 + 2Na_2S_2O_3 =\!=\!= Na_2S_4O_6 + 2NaI$$

实验中还涉及 $Na_2S_2O_3$ 和 I_2 溶液的标定：

1. $Na_2S_2O_3$的标定

$$Cr_2O_7^{2-} + 6I^- + 14H^+ \Longrightarrow 2Cr_3^+ + 3I_2 + 7H_2O$$

$$I_2 + 2S_2O_3^{2-} \Longrightarrow S_4O_6^{2-} + 2I^-$$

$$Cr_2O_7^{2-} \sim 3I_2 \sim 6S_2O_3^{2-}$$

$$c_{Na_2S_2O_3} = \frac{6 \times (cV)_{K_2Cr_2O_7}}{V_{Na_2S_2O_3}} = \frac{6 \times c \times 25.00}{V_{Na_2S_2O_3}}$$

2. 碘的标定

$$I_2 + 2S_2O_3^{2-} \Longrightarrow S_4O_6^{2-} + 2I^-$$

$$c = \frac{1/2 c_{Na_2S_2O_3} V_{Na_2S_2O_3}}{V}$$

3. 葡萄糖注射液中葡萄糖的含量

$$葡萄糖含量 = \frac{10\left[c(I_2) \cdot V(I_2) - \frac{1}{2}c(Na_2S_2O_3) \cdot V(Na_2S_2O_3) \right] \times \frac{M(C_6H_{12}O_6)}{1000}}{25.00} \times 1000 (g \cdot L^{-1})$$

$$\frac{葡萄糖含量}{标示量} = \frac{w_{C_6H_{12}O_6}}{50g/L} \times 100\%$$

【实验仪器及试剂】

称量瓶、电子台秤、分析天平、容量瓶(250mL)、移液管(25mL)、量筒(10mL)、锥形瓶(25mL，3个)、酸式滴定管(50mL)、烧杯(50mL)、玻璃棒、碘量瓶。$K_2Cr_2O_7$(s)、盐酸(6mol/L)、KI溶液(100g/L)、淀粉溶液(5g/L)、$Na_2S_2O_3$溶液(0.1mol/L)、I_2溶液(0.05mol/L)、NaOH溶液(1mol/L)、葡萄糖注射液(5%)。

【实验步骤】

1. 0.1mol/L $Na_2S_2O_3$标准溶液的标定

(1) $K_2Cr_2O_7$标准溶液的配制：准确称取1.2~1.3g分析纯$K_2Cr_2O_7$固体于小烧杯中，加少量的水溶解并转入250mL的容量瓶中，用水稀释到刻度线，摇匀，并计算其准确浓度。

(2) $Na_2S_2O_3$溶液的标定：准确移取25mL $K_2Cr_2O_7$标准溶液于碘量瓶中，加5mL 6mol/L HCl溶液和10mL 100g/L KI，立即密塞摇匀，置暗处5分钟，然后冲洗瓶盖并用蒸馏水稀释至100mL左右。用待标定的$Na_2S_2O_3$溶液滴定至$K_2Cr_2O_7$标准溶液呈浅黄绿色时，加2mL 5g/L淀粉溶液，继续滴定至蓝色刚好褪去，记录所需体积。平行测定3次，计算出$Na_2S_2O_3$溶液的准确浓度。

2. 0.05mol/L I_2溶液的标定

准确移取25mL I_2标准溶液于锥形瓶中，加50mL蒸馏水，用$Na_2S_2O_3$标准溶液滴定至溶液呈浅黄绿色，加2mL 5g/L淀粉溶液，继续滴定至蓝色刚好褪去，溶液呈无色即为终点。

3. 葡萄糖含量的测定

用移液管移取 5% 葡萄糖注射液 25mL 于 250mL 容量瓶中，加水稀释至刻度线，摇匀。然后移取 25mL 上述溶液于碘量瓶中，准确加入 I_2 标准溶液 25mL，慢慢滴加 NaOH 溶液，边加边摇，直至溶液呈浅黄色。将碘量瓶加塞摇匀，于暗处放置 10～15 分钟。加 2mL 6mol/L HCl 酸化，立即用 $Na_2S_2O_3$ 标准溶液滴定，至溶液呈浅黄色。加 2mL 5g/L 淀粉溶液，继续滴定至蓝色消失，即达到滴定终点，记录数据。平行滴定 3 次，计算其含量。

【思考题】

为什么在氧化葡萄糖时滴加 NaOH 的速度要慢，且加完后要放置一段时间？而在酸化后则要立即用 $Na_2S_2O_3$ 标准溶液滴定？

实验八　水样中化学耗氧量（COD）的测定（高锰酸钾法）

【实验目的】

掌握用高锰酸钾法测定水中化学耗氧量（COD）的原理和方法。

【实验原理】

水的化学耗氧量（COD）是在一定条件下，采用一定的强氧化剂处理水样时，所消耗的氧化剂的量。它是水中还原性物质多少的一个指标。COD 越大说明水体被污染的程度越重。

水样 COD 的测定，会因加入氧化剂的种类和浓度、反应溶液的温度、酸度和时间，以及催化剂的存在与否而得到不同的结果。因此，COD 是一个条件性的指标，必须严格按照操作步骤进行测定。COD 的测定有几种方法，对于污染较严重的水样或工业废水，一般用重铬酸钾法或库仑法；对于一般水样可以用高锰酸钾法。由于高锰酸钾法是在规定的条件下所进行的反应，所以水中的有机物只能部分被氧化，并不是理论上的全部需氧量，也不能反映水体中总有机物的含量。因此，常用高锰酸盐指数这一术语作为水质的一项指标，以有别于重铬酸钾法测定的化学耗氧量。高锰酸钾法分为酸性法和碱性法两种，本实验以酸性法测定水样的化学耗氧量——高锰酸盐指数。

水样加入硫酸酸化后，加入一定量的 $KMnO_4$ 溶液，并在沸水浴中加热反应一定时间。然后加入过量的 $Na_2C_2O_4$ 标准溶液，使之与剩余的 $KMnO_4$ 充分作用。再用 $KMnO_4$ 溶液回滴过量的 $Na_2C_2O_4$。通过计算求得高锰酸盐指数值。

测定反应方程式：

$$4MnO_4^- + 5C + 12H^+ \Longrightarrow 4Mn^{2+} + 5CO_2\uparrow + 6H_2O$$

标定反应方程式：

$$2MnO_4^- + 5C_2O_4^{2-} + 16H^+ \xlongequal{\quad} 2Mn^{2+} + 10CO_2 \uparrow + 8H_2O$$

【实验仪器及试剂】

水浴装置、台秤、电子天平、250mL 烧杯、250mL 锥形瓶、500mL 烧杯、25mL 移液管、250mL 容量瓶、洗瓶、酸碱滴定管、胶头滴管、玻璃棒、镊子、烘干箱、称量瓶、50mL 小烧杯。0.02mol/L KMnO$_4$ 溶液（A 液）、0.002mol/L KMnO$_4$ 溶液（B 液）、1:3硫酸、在 105 ~ 110℃烘干 1 小时并冷却的草酸钠基准试剂。

【实验步骤】

1. 配制 150mL 0.02mol/L KMnO$_4$溶液（A 液）

在天平上称取 0.474g KMnO$_4$于 500mL 烧杯中，加入约 170mL 水，盖上表面皿，加热至沸腾，并保持微沸状态 15 ~ 20 分钟，中间可补充适量水，使溶液最后体积在 150mL 左右。于暗处放置 7 ~ 10 天后，用 G4 号（新牌号 P16）微孔玻璃漏斗滤去溶液中的 MnO$_2$等杂质。滤液贮存于有玻璃塞的棕色瓶中，摇匀后置于暗处保存，贴上标签。若将溶液煮沸后在沸水浴上保持 1 小时，冷却并过滤后即可进行标定。

2. 配制 500mL 0.002mol/L KMnO$_4$溶液（B 液）

用 50mL 量筒量取 50.0mL A 液于 500mL 试剂瓶中，用新煮沸且刚冷却的蒸馏水稀释、定容并摇匀，避光保存，临时配制。

3. 配制 250mL 0.005mol/L Na$_2$C$_2$O$_4$标准溶液

准确称量 0.15 ~ 0.17g Na$_2$C$_2$O$_4$于小烧杯中，加适量水使其完全溶解后以水定容于 250mL 容量瓶中。

4. COD 的测定

用量筒量取 100mL 充分搅拌的水样于锥形瓶中，加入 5mL 1:3H$_2$SO$_4$ 溶液和几粒玻璃珠（防止溶液暴沸）。用滴定管加入 10.00mL KMnO$_4$B 液，立即加热至沸腾。从冒出的第一个大气泡开始，煮沸 10 分钟（红色不应褪去）。取下锥形瓶，放置 0.5 ~ 1 分钟，趁热由碱式滴定管准确加入 Na$_2$C$_2$O$_4$标准溶液 25.00mL，充分摇匀，立即用 KMnO$_4$B 液进行滴定。随着试液的红色褪去加快，滴定速度亦可稍快，滴定至试液呈微红色且 0.5 分钟不褪去即为终点，消耗体积为 V_1。此时试液的温度应不低于60℃。

5. 标定 B 液的浓度

取步骤 4 滴定完毕的水样，加入 1:3H$_2$SO$_4$ 溶液 2mL，趁热（75 ~ 85℃）准确移入 10.00mL Na$_2$C$_2$O$_4$标准溶液，摇匀，再用 KMnO$_4$B 液滴定至终点。记录所用滴定剂的体积 V_2。

【实验数据和结果】

写出有关公式，将实验数据和计算结果填入表 2 - 19 中。计算出水中化学耗氧量的大小，并计算 3 次测定结果的相对标准偏差。对标定结果要求相对标准偏差小于0.2%；对测定结果要求相对标准偏差小于0.3%。

表 2-19 数据记录

编号	1	2	3
V_1 (mL)			
V_2 (mL)			
COD 值			
COD 平均值			
相对平均偏差			
相对标准偏差			

COD 计算公式:

$$COD(O_2, \text{mg/L}) = \frac{[(10 + V_1)(10.00/V_2) - 20] \times c_{Na_2C_2O_4} \times 16.00 \times 1000}{V_{水样}(\text{mL})}$$

【注意事项】

1. 反应温度为 70~80℃,温度低则反应慢,温度高则 $H_2C_2O_4$ 分解。反应采用强酸性介质(硫酸介质)。若酸度过低则 MnO_4^- 被还原为 MnO_2;酸度过高则 $H_2C_2O_4$ 分解。滴定速度宜先慢后快再慢;一开始滴定速度要慢,否则 MnO_4^- 会分解:

$$4MnO_4^- + 12H^+ =\!=\!= 4Mn^{2+} + 5O_2 \uparrow + 6H_2O$$

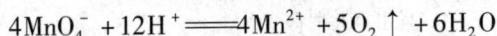

2. 随着反应进行,生成的 Mn^{2+} 成为反应的自催化剂,可催化反应速度加快。临近滴定终点时,反应速度会放慢。

3. 在水浴加热完毕后,溶液仍应保持淡红色。如变浅或全部褪去,说明高锰酸钾的用量不够。此时,应将水样稀释倍数加大后再测定。

【思考题】

1. 本实验的测定方法属于何种滴定方式?为何要采取这种滴定方式?

2. 水样中 Cl^- 含量高时为什么对测定有干扰?应如何消除?

3. 测定水中的 COD 有何意义?有哪些测定方法?

第六节 沉淀滴定法实验

实验一 硝酸银标准溶液的配制与标定

【实验目的】

1. 掌握硝酸银标准溶液用吸附指示剂(荧光黄指示剂)法标定的原理及方法。

2. 掌握用"比较法"确定标准溶液浓度的方法及铁铵矾指示剂的应用。

【实验原理】

采用吸附指示剂法，标定硝酸银溶液的浓度时，为了使 AgCl 保持较强的吸附能力，应使沉淀保持胶体状态。为此，可将溶液适当稀释，并加入糊精溶液以保护胶体。

用基准 NaCl 标定 AgNO$_3$ 溶液，以荧光黄为指示剂，终点时胶体溶液由黄绿色转变为微红色。其变化过程式如下：

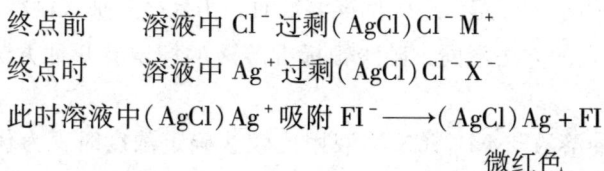

$$终点前\quad 溶液中\ Cl^- 过剩(AgCl)Cl^- M^+$$

$$终点时\quad 溶液中\ Ag^+ 过剩(AgCl)Cl^- X^-$$

$$此时溶液中(AgCl)Ag^+ 吸附\ FI^- \longrightarrow (AgCl)Ag + FI$$

$$微红色$$

若再用上述硝酸银标准溶液，与 NH$_4$SCN 溶液进行定量的比较，同时测定 NH$_4$SCN 溶液的浓度（比较法）时，可以用铁铵矾指示剂来确定终点。在滴定过程中，为了防止 Fe^{3+} 水解，故在滴定液中加入 HNO$_3$ 溶液维持酸性环境。其反应方程式如下：

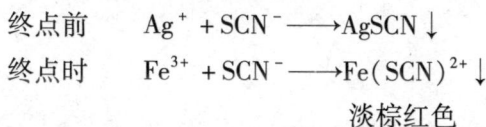

$$终点前\quad Ag^+ + SCN^- \longrightarrow AgSCN\downarrow$$

$$终点时\quad Fe^{3+} + SCN^- \longrightarrow Fe(SCN)^{2+}\downarrow$$

$$淡棕红色$$

【实验仪器及试剂】

电子分析天平、移液管、锥形瓶、滴定管。固体试剂 AgNO$_3$（分析纯）、固体试剂 NaCl（基准物质，在 500～600℃ 灼烧至恒重）、K$_2$CrO$_4$ 指示液（配制：称取 5g K$_2$CrO$_4$ 溶于少量水中，滴加 AgNO$_3$ 溶液至红色不褪，混匀。放置过夜后过滤，将滤液稀释至 100mL，即得到 5% K$_2$CrO$_4$ 溶液）。

【实验步骤】

1. 标准溶液的配制

（1）AgNO$_3$ 溶液（0.1mol/L）的配制：取 AgNO$_3$ 17.5g 置于 250mL 烧杯中，加蒸馏水 100mL 使其溶解，然后移入棕色磨口瓶中，加蒸馏水稀释至 1000mL，充分摇匀，密塞。

（2）NH$_4$SCN 溶液（0.1mol/L）的配制：取 NH$_4$SCN 8g 置于 250mL 烧杯中，加蒸馏水 100mL 使其溶解，然后移入磨口瓶中，加蒸馏水稀释至 1000mL，摇匀。

2. 标准溶液的标定

（1）AgNO$_3$ 标准溶液的标定：取在 110℃ 干燥至恒重的基准 NaCl 约 0.13g，精密称定，置于 250mL 锥形瓶中，加蒸馏水 50mL 使其溶解，再加糊精（1→50）2mL 与荧光指示剂 8 滴。用 AgNO$_3$ 标准溶液（0.1mol/L）滴定至浑浊液由黄绿色转变为微红色，即为终点。

（2）NH$_4$SCN 标准溶液（0.1mol/L）的标定（比较法）：精密量取 AgNO$_3$ 标准溶液（0.1mol/L）20mL，置于锥形瓶中，加蒸馏水 20mL、HNO$_3$（6mol/L）溶液 2mL、铁铵矾指示剂 2mL。用 NH$_4$SCN 溶液滴定至呈淡棕红色，剧烈振摇后仍不褪色即为终点。

溶液浓度的计算：

$$AgNO_3\% = \frac{\dfrac{m}{M_{NaCl}} \times 10}{V} \times 100\%$$

【思考题】

1. 用荧光黄指示剂标定 $AgNO_3$ 标准溶液时，为什么要加入糊精溶液？

2. 按指示终点的方法不同，硝酸银标准溶液的标定有几种方法？每种方法分别在什么条件下进行？

3. $AgNO_3$ 标准溶液与 NH_4SCN 溶液用比较法确定浓度时，为什么在终点时需剧烈振摇？

实验二　可溶性氧化物中氯含量的测定（莫尔法）

【实验目的】

1. 学习 $AgNO_3$ 标准溶液的配制和标定。

2. 掌握莫尔法测定氯含量的原理和方法。

【实验原理】

可溶性氯化物中氯含量的测定常采用莫尔法，此方法是在中性或弱碱性溶液中，以 K_2CrO_4 为指示剂，用 $AgNO_3$ 标准溶液进行滴定。Ag^+ 先与 Cl^- 生成白色沉淀，过量一滴 $AgNO_3$ 溶液即与指示剂 CrO_4^{2-} 生成 Ag_2CrO_4 砖红色沉淀，指示终点。主要反应式如下：

$$Ag^+ + Cl^- \longrightarrow AgCl\downarrow（白）\qquad K_{sp} = 1.8 \times 10^{-10}$$
$$2Ag^+ + CrO_4^{2-} \longrightarrow Ag_2CrO_4\downarrow（砖红）\qquad K_{sp} = 2.0 \times 10^{-12}$$

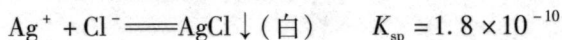

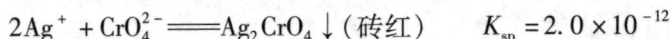

最适宜的 pH 范围是 $6.5 \sim 10.5$；如有 NH_4^+ 存在，则 pH 需控制在 $6.5 \sim 7.2$。

指示剂的用量对滴定有影响，一般以 5×10^{-3} mol/L 为宜。有时需做指示剂的空白校正：取 2mL K_2CrO_4 溶液，加水 100mL，加入与 AgCl 沉淀量相当的无 Cl^- 的 $CaCO_3$，以制成和实际滴定相似的浑浊液，滴入 $AgNO_3$ 溶液至与终点颜色相同为止。

能与 Ag^+ 生成沉淀或与之配位的阴离子都干扰测定；能与指示剂 CrO_4^{2-} 生成沉淀的阳离子也干扰测定；大量的有色离子将影响终点观察；易水解生成沉淀的高价金属离子也干扰测定。

【实验仪器及试剂】

电子天平、250mL 烧杯、250mL 锥形瓶、500mL 烧杯、25mL 移液管、250mL 容量瓶、洗瓶、酸碱滴定管、胶头滴管、玻璃棒、镊子、烘箱、称量瓶、50mL 小烧杯。

NaCl 基准试剂(使用前在 $500 \sim 600$℃灼烧 30 分钟，置于干燥器中冷却)、$AgNO_3$（化学纯)、K_2CrO_4 溶液(5%)、NaCl(粗食盐)、0.1mol/L $AgNO_3$ 溶液。

【实验步骤】

1. 0.02mol/L NaCl 标准溶液的配制

准确称取 0.23 ~ 0.25g 基准试剂 NaCl 于小烧杯中,用蒸馏水溶解后,转移至 250mL 容量瓶中,稀释至刻度,摇匀,定容。

2. 0.02mol/L $AgNO_3$ 溶液的配制及标定

称取 1.7g $AgNO_3$,溶解于 500mL 不含 Cl^- 的蒸馏水中,贮存于带玻璃塞的棕色试剂瓶中,放置于暗处保存。

准确移取 NaCl 标准溶液 25mL 于 250mL 锥形瓶中,加水 25mL、5% K_2CrO_4 溶液 1mL,不断摇动,用 $AgNO_3$ 溶液滴定至溶液呈砖红色,即为终点。平行测定 3 次,计算 $AgNO_3$ 溶液的准确浓度。

3. 氯含量的测定

准确称取 0.25 ~ 0.27g NaCl 试样于小烧杯中,加水溶解后,定容于 250mL 容量瓶中。

准确移取 25.00mL NaCl 试液于 250mL 锥形瓶中,加水 25mL、5% K_2CrO_4 溶液 1mL,不断摇动,用 $AgNO_3$ 标准溶液滴定至溶液呈砖红色,即为终点。平行测定 3 次,计算试样中氯的含量。

实验结束后,盛装 $AgNO_3$ 的滴定管应先用蒸馏水冲洗 2 ~ 3 次,再用自来水冲洗,以免产生 AgCl 沉淀,难以洗净。含银废液应予以回收,不得随意倒入水槽。

【实验数据和结果】

表 2 - 20　$AgNO_3$ 溶液浓度的标定

项目 \ 编号	1	2	3
m_{NaCl}(g)			
V_{AgNO_3} 初读数(mL)			
V_{AgNO_3} 终读数(mL)			
V_{AgNO_3}(mL)			
c_{AgNO_3}(mol/L)			
$\bar{c}_{AgNO_3}$(mol/L)			
| di |			
相对平均偏差(%)			

表 2－21　Cl⁻含量测定

编号　　项目	1	2	3
m_{NaCl}(g)			
V_{AgNO_3}初读数(mL)			
V_{AgNO_3}终读数(mL)			
V_{AgNO_3}(mL)			
w_{Cl}(%)			
$\bar{w}_{Cl}$(%)			
| di |			
相对平均偏差(%)			

计算公式：

$$\bar{c}_{AgNO_3} = \frac{m_{NaCl} \times 1000}{M_{NaCl} \times 4 \times \bar{V}_{AgNO_3}}$$

$$\bar{w}_{Cl} = \frac{\bar{c}_{AgNO_3} \times \bar{V}_{AgNO_3} \times M_{Cl} \times 10}{1000 \times m_s} \times 100\%$$

【思考题】

1. K_2CrO_4指示剂的浓度太大或太小，对测定 Cl⁻含量有何影响？

2. 莫尔法测 Cl⁻含量时，溶液的 pH 应控制在什么范围？为什么？

3. 滴定过程中为什么要充分摇动溶液？

实验三　沉淀重量法测定钡的含量

【实验目的】

1. 掌握钡盐中钡含量的测定原理和方法。
2. 掌握晶形沉淀的形成条件。
3. 掌握沉淀、陈化、过滤、洗涤、灼烧及恒重等基本操作技术。

【实验原理】

重量分析是定量分析方法之一，它的优点是准确度高，不需要标准试样或基准物质进行比较，故又称为仲裁分析。

称取一定量 $BaCl_2 \cdot 2H_2O$，用水溶解，加稀 HCl 溶液酸化，加热至微沸，在不断搅动下，慢慢加入稀、热的 H_2SO_4。Ba^{2+} 与 SO_4^{2-} 反应，形成晶形沉淀。沉淀经陈化、过滤、洗涤、烘干、炭化、灰化、灼烧后，以 $BaSO_4$ 形式称量，可求出 $BaCl_2 \cdot 2H_2O$ 中 Ba 的含量。

$$Ba^{2+} + SO_4^{2-} =\!=\!= BaSO_4 \downarrow$$

Ba^{2+} 可生成一系列微溶化合物，如 $BaCO_3$、BaC_2O_4、$BaCrO_4$、$BaHPO_4$、$BaSO_4$ 等。其中以 $BaSO_4$ 溶解度最小，100mL 溶液中，100℃时溶解 0.4mg；25℃时仅溶解 0.25mg。当过量沉淀剂存在时，溶解度大为减小，一般可以忽略不计。

$BaSO_4$ 重量法一般在 0.05mol/L 左右的 HCl 介质中进行沉淀，目的是为了防止产生 $BaCO_3$、$BaHPO_4$、$BaHAsO_4$ 沉淀以及防止生成 $Ba(OH)_2$ 共沉淀。同时，适当提高酸度，增加 $BaSO_4$ 在沉淀过程中的溶解度，可以降低其相对过饱和度，有利于获得较好的晶形沉淀。

用 $BaSO_4$ 重量法测定 Ba^{2+} 时，一般用稀 H_2SO_4 作沉淀剂。为了使 $BaSO_4$ 沉淀完全，H_2SO_4 必须过量。由于 H_2SO_4 在高温下可挥发除去，故沉淀带出的 H_2SO_4 不致引起误差，因此沉淀剂可过量 50% ~ 100%。如果用 $BaSO_4$ 重量法测定 SO_4^{2-} 时，沉淀剂 $BaCl_2$ 只允许过量 20% ~ 30%，因为 $BaCl_2$ 灼烧时不易挥发除去。

【实验仪器及试剂】

量筒、量杯、烧杯、玻璃棒、洗瓶、表面皿、定量滤纸、长颈漏斗、漏斗架、瓷坩埚、坩埚钳、电炉、马弗炉、干燥器、天平。$BaCl_2 \cdot 2H_2O(s)$、2mol/L HCl 溶液、1mol/L H_2SO_4 溶液、0.1mol/L $AgNO_3$ 溶液。

【实施步骤】

1. 瓷坩埚的准备

洗净瓷坩埚，晾干编号，放在电炉上灼烧，冷却，放入干燥器中，称重。

2. 沉淀的制备

准确称取 0.4 ~ 0.5g $BaCl_2 \cdot 2H_2O(s)$ 试样 1 份，置于 250mL 烧杯中，加水 70mL 使其溶解（搅棒要一直放在烧杯中，过滤洗涤完毕才能取出），再加入 2mol/L HCl 溶液 2mL 使其酸化，加热近沸（但勿使溶液沸腾，以防止溅失）。同时，另取 1mol/L H_2SO_4 溶液 5mL 及 30mL 水置于小烧杯中，加热近沸，然后将近沸的 H_2SO_4 溶液慢慢加入热的钡盐溶液中，并用玻璃棒不断搅动。

待沉淀下沉后，在上层清液中加入 1 ~ 2 滴 1mol/L H_2SO_4 溶液，仔细观察沉淀是否完全。如已沉淀完全，盖上表面皿，将玻璃棒靠在烧杯嘴边（切勿将玻璃棒拿出杯外，以免沉淀损失）置于水浴上加热，陈化 30 分钟，并不时搅动。

3. 沉淀称量形式的获得

利用陈化的时间，准备好过滤用的漏斗架、漏斗、滤纸。在漏斗下放一干净的 500mL 烧杯（烧杯必须洁净，万一过滤失败，可重新过滤一次），用来收集滤液和洗水。溶液冷却后，将沉淀上层的清液沿玻璃棒用倾泻法过滤，使沉淀尽可能留在烧杯中。然后以稀 H_2SO_4 洗涤液（洗涤液配制：2mL1mol/L H_2SO_4 溶液 + 100mL 蒸馏水）洗涤沉淀

4~5次，每次用10~20mL，均用倾泻法过滤，然后小心将沉淀转移到滤纸上。附在烧杯和玻璃棒上的$BaSO_4$沉淀，用撕下的小三角形滤纸仔细擦净，并用洗瓶冲洗到滤纸上。用洗瓶继续冲洗滤纸和沉淀，直到滤出的洗水中不含Cl^-为止（用$AgNO_3$溶液检查）。

沉淀洗净后，取出滤纸，折叠成小包，放在恒重的坩埚中烘干、炭化、灰化（切忌明火；若发现明火，马上用坩埚盖盖灭），并在800℃下灼烧至恒重。

4. 称重

根据盛沉淀坩埚的质量与空坩埚的质量之差，可得出$BaSO_4$沉淀的质量，由此可算出试样中Ba的百分含量。

【实验数据和结果】

1. $BaCl_2 \cdot 2H_2O$ 的质量。

2. 空坩埚的质量。

3. $BaSO_4$沉淀质量 = 盛沉淀坩埚的质量 - 空坩埚的质量。

4. 钡盐中钡的含量：

$$Ba\% = \frac{M_{Ba}}{M_{BaSO_4}} \times \frac{m_{BaSO_4}}{m_{BaCl_2 \cdot 2H_2O}} \times 100\%$$

理论值：

$$Ba\% = \frac{M_{Ba}}{M_{BaCl_2 \cdot 2H_2O}} \times 100\% = \frac{137.33}{244.24} \times 100\% = 56.23\%$$

【思考题】

1. 为什么要在试液中加入稀HCl溶液后沉淀Ba^{2+}？

2. 为什么沉淀$BaSO_4$要在热、稀溶液中进行而在冷却后过滤？

3. 当测定试样中的SO_4^{2-}时，以$BaCl_2$为沉淀剂，这时应选用何种洗涤剂洗涤沉淀？为什么？

第七节　综合性与设计性实验

实验一　粗食盐的提纯

【实验目的】

1. 学习食盐提纯的原理和方法及有关离子的鉴定。

2. 掌握溶解、过滤、蒸发、浓缩、结晶、干燥的基本操作。

【实验原理】

粗食盐中的不溶性杂质（如泥沙等）可通过溶解和过滤的方法除去。粗食盐中的可

溶性杂质主要是 Ca^{2+}、Mg^{2+}、K^+ 和 SO_4^{2-} 离子等，可选择适当的试剂使它们生成难溶化合物的沉淀而被除去。

1. 在粗盐溶液中加入过量的 $BaCl_2$ 溶液，除去 SO_4^{2-}：

$$Ba^{2+} + SO_4^{2-} =\!=\!= BaSO_4 \downarrow$$

过滤，除去难溶化合物和 $BaSO_4$ 沉淀。

2. 在滤液中加入 NaOH 溶液和 Na_2CO_3 溶液，除去 Mg^{2+}、Ca^{2+} 和沉淀 SO_4^{2-} 时加入的过量 Ba^{2+}：

$$Mg^{2+} + 2OH^- =\!=\!= Mg(OH)_2 \downarrow$$
$$Ca^{2+} + CO_3^{2-} =\!=\!= CaCO_3 \downarrow$$
$$Ba^{2+} + CO_3^{2-} =\!=\!= BaCO_3 \downarrow$$

过滤除去沉淀。

3. 用稀盐酸溶液调节 pH 至 2~3，可除去过量的 NaOH 和 Na_2CO_3。

4. 粗盐中的 K^+ 和上述沉淀剂都不起作用，仍留在溶液中。由于 KCl 的溶解度大于 NaCl 的溶解度，且含量较少，因此在蒸发和浓缩过程中，NaCl 先结晶出来，而 KCl 则留在溶液中。

【实验仪器及试剂】

台秤、烧杯、量筒、普通漏斗、漏斗架、布氏漏斗、吸滤瓶、蒸发皿、石棉网、酒精灯。HCl(2mol/L) 溶液、HAc(6mol/L) 溶液、NaOH(2mol/L) 溶液、粗食盐、$BaCl_2$(1mol/L) 溶液、Na_2CO_3(1mol/L) 溶液、$(NH_4)_2C_2O_4$(饱和) 溶液、镁试剂、滤纸、pH 试纸。

【实验步骤】

1. 粗食盐的提纯

(1) 在台秤上称取 5g 粗食盐，放在 100mL 烧杯中，加入 25mL 水，搅拌并加热使其溶解。至溶液沸腾时，在搅拌下逐滴加入 1mol/L $BaCl_2$ 溶液至沉淀完全(约 1mL)。继续加热 5 分钟，使 $BaSO_4$ 的颗粒长大而易于沉淀和过滤。为了试验沉淀是否完全，可将烧杯从石棉网上取下，待沉淀下降后，取少量上层清液于试管中，滴加几滴 6mol/L HCl 溶液，再加几滴 1mol/L $BaCl_2$ 溶液检验。用普通漏斗过滤。

(2) 在滤液中加入 1mL 6mol/L NaOH 溶液和 2mL 饱和 Na_2CO_3 溶液加热至沸，待沉淀下降后，取少量上层清液放在试管中，滴加 Na_2CO_3 溶液，检查有无沉淀生成。如不再产生沉淀，用普通漏斗过滤。

(3) 在滤液中逐滴加入 6mol/L HCl 溶液，直至溶液呈微酸性为止(pH≈6)。

(4) 将滤液倒入蒸发皿中，用小火加热蒸发，浓缩至稀粥状的稠液。切不可将溶液蒸干。

(5) 冷却后，用布氏漏斗过滤，尽量将结晶抽干。将结晶放回蒸发皿中，小火加热干燥，直至不产生水蒸气为止。

(6) 将精食盐冷却至室温，称重。最后把精盐放入指定容器中，计算产率。

2. 产品纯度的检验

取粗盐和精盐各 1g，分别溶于 5mL 蒸馏水中，将粗盐溶液过滤。两种澄清溶液分别盛于三支小试管中，组成三组，对照检验它们的纯度。

(1) SO_4^{2-} 的检验：在第一组溶液中分别加入 2 滴 6mol/L HCl 溶液使溶液呈酸性，再加入 3～5 滴 1mol/L $BaCl_2$ 溶液。如有白色沉淀，证明 SO_4^{2-} 存在。记录结果，进行比较。

(2) Ca^{2+} 的检验：在第二组溶液中分别加入 2 滴 6mol/L HAc 使溶液呈酸性，再加入 3～5 滴饱和的 $(NH_4)_2C_2O_4$ 溶液。如有白色 CaC_2O_4 沉淀生成，证明 Ca^{2+} 存在。记录结果，进行比较。

(3) Mg^{2+} 的检验：在第三组溶液中分别加入 3～5 滴 6mol/L NaOH 使溶液呈碱性，再加入 1 滴"镁试剂"。若有天蓝色沉淀生成，证明 Mg^{2+} 存在。记录结果，进行比较。

镁试剂是一种有机染料，在碱性溶液中呈红色或紫色，但被 $Mg(OH)_2$ 沉淀吸附后，则呈天蓝色。

【思考题】

1. 加入 25mL 水溶解 5g 食盐的依据是什么？加水过多或过少有什么影响？
2. 怎样除去实验过程中所加的过量的沉淀剂 $BaCl_2$、NaOH 和 Na_2CO_3？
3. 提纯后的食盐溶液浓缩时为什么不能蒸干？

实验二　蛋壳中碳酸钙含量的测定

【实验目的】

1. 了解实际试样的处理方法。
2. 掌握返滴定法的方法和原理。

【实验原理】

蛋壳主要的成分为碳酸钙，粉碎后可和盐酸反应。其反应式为：

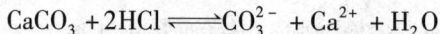

$$CaCO_3 + 2HCl \Longrightarrow CO_3^{2-} + Ca^{2+} + H_2O$$

过量的盐酸由标准 NaOH 溶液返滴定，通过计算可以求得 $CaCO_3$ 的含量。

【实验仪器及试剂】

分析天平、滴定管、移液管、锥形瓶。0.1mol/L HCl 溶液、Ca_2CO_3、NaOH 标准溶液、甲基橙指示剂。

【实验步骤】

1. 0.1mol/L HCl 标准溶液标定

在称量瓶中以差减法称取无水 Ca_2CO_3 三份，每份 0.15～0.20g，分别倒入三个

250mL 锥形瓶中，加入 20 ~ 30mL 蒸馏水，待试剂完全溶解后，加入 2 滴甲基橙指示剂，用待标定的 HCl 溶液滴定至溶液由黄色变为橙色并保持半分钟不褪色，即为终点。计算盐酸溶液的浓度和偏差。

2. CaCO₃含量的测定

将蛋壳去内膜并洗净，烘干粉碎，过 80 ~ 100 目标准筛。准确称取三份 0.1g 试样，分别置于三个 250mL 锥形瓶中，用滴定管逐滴加入 HCl 标准溶液 40.00mL，放置 30 分钟，加入 2 滴甲基橙指示剂，用 NaOH 标准溶液返滴定过量的 HCl 至溶液由红色刚好变为黄色，即为终点。计算蛋壳中 CaCO₃ 的质量分数。

【实验数据和结果】

表 2 – 21　HCl 标准溶液的标定

项目＼编号	1	2	3
$m_{Ca_2CO_3}$ (g)			
V_{HCl} (mL)			
c_{HCl} (mol/L)			
$\bar{c}_{HCl}$ (mol/L)			
dr(%)			

表 2 – 22　CaCO₃含量的测走

项目＼编号	1	2	3
$m_{蛋壳}$ (g)			
$\bar{c}_{HCl}$ (mol/L)			
V_{NaOH} (mL)			
w_{CaCO_3} (%)			
$\bar{w}_{CaCO_3}$ (%)			

【思考题】

1. 直接滴定法与返滴定法相比，有哪些共同点，又有哪些不同点？
2. 本实验能否使用酚酞指示剂？

实验三　硫酸亚铁铵的制备及组成分析

【实验目的】

1. 了解复盐的一般特性及硫酸亚铁铵的制备方法。

2. 熟练掌握水浴加热、蒸发、结晶和减压过滤等基本操作。

3. 掌握高锰酸钾滴定法测定铁(Ⅱ)的方法,并巩固产品中杂质 Fe^{3+} 的定量分析。

【实验原理】

硫酸亚铁铵($(NH_4)_2Fe(SO_4)_2 \cdot 6H_2O$)俗称摩尔盐,为浅绿色单斜晶体。它在空气中比一般亚铁盐稳定,不易被氧化,而且价格低,制造工艺简单。其应用广泛,工业上常用作废水处理的混凝剂,在农业上用作农药及肥料,在定量分析上常用作氧化还原滴定的基准物质。

像所有的复盐一样,硫酸亚铁铵在水中的溶解度比组成它的任何一个组分($FeSO_4$ 或 $(NH_4)_2SO_4$)的溶解度都小。因此,将含有 $FeSO_4$ 和 $(NH_4)_2SO_4$ 的溶液经蒸发浓缩、冷却结晶可得到摩尔盐晶体。

表 2-23 硫酸亚铁、硫酸铵、硫酸亚铁铵在水中的溶解度($g/100gH_2O$)

物质(温度/℃)	10	20	30	40	60
$(NH_4)_2SO_4$	73.0	75.4	78.0	81.0	88
$FeSO_4 \cdot 7H_2O$	40.0	48.0	60.0	73.3	100
$(NH_4)Fe(SO_4) \cdot 6H_2O$	17.23	36.47	45.0	—	—

本实验采用铁屑与稀硫酸作用生成硫酸亚铁溶液:

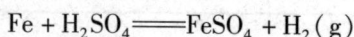

$$Fe + H_2SO_4 =\!=\!= FeSO_4 + H_2(g)$$

然后在硫酸亚铁溶液中加入硫酸铵,并使其全部溶解,经蒸发浓缩,冷却结晶,得到 $(NH_4)_2Fe(SO_4)_2 \cdot 6H_2O$ 晶体:

$$FeSO_4 + (NH_4)_2SO_4 + 6H_2O =\!=\!= (NH_4)_2Fe(SO_4)_2 \cdot 6H_2O$$

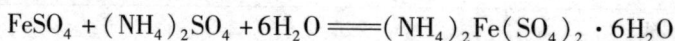

产品的质量鉴定可以采用高锰酸钾滴定法确定其有效成分的含量。在酸性介质中 Fe^{2+} 被 $KMnO_4$ 定量氧化为 Fe^{3+}。$KMnO_4$ 的颜色变化可以指示滴定终点。

$$5Fe^{2+} + MnO_4^- + 8H^+ =\!=\!= 5Fe^{3+} + Mn^{2+} + 4H_2O$$

产品等级也可以通过测定其杂质 Fe^{3+} 的质量分数来确定。

【实验仪器及试剂】

台秤、分析天平、恒温水浴、721 型分光光度计、漏斗、漏斗架、布氏漏斗、吸滤瓶、真空泵、烧杯(150mL、400mL)、量筒(10mL、50mL)、锥形瓶(150mL、250mL)、蒸发皿(50mL)、棕色酸式滴定管(50mL)、移液管(10mL、25mL)、表面皿、称量瓶。Na_2CO_3(1mol/L)、H_2SO_4(3mol/L)、HCl(2mol/L)、H_3PO_4(浓)、$(NH_4)_2SO_4$(s)、$KMnO_4$ 标准溶液(0.1000mol/L)、无水乙醇、Fe^{3+} 标准溶液(0.0100mol/L)、KSCN(1mol/L)、铁屑、$K_3[Fe(CN)_6]$(0.1mol/L)、NaOH(2mol/L)、pH 试纸、红色石蕊试纸。

【实验步骤】

1. 硫酸亚铁铵的制备

(1)铁屑的净化:称取 2.0g 铁屑于 150mL 烧杯中,加入 20mL 1mol/L Na_3CO_3 溶液,小火加热约 10 分钟,以除去铁屑表面的油污,用倾析法除去碱液,再用水洗净铁屑。

(2)硫酸亚铁的制备:在盛有洗净铁屑的烧杯中加入 15mL 3mol/L H_2SO_4 溶液,盖上表面皿,放在水浴上加热(在通风橱中进行),温度控制在 70 ~ 80℃,直至不再产生大量气泡,表示反应基本完成(反应过程中要适当添加去离子水,以补充蒸发的水分)。趁热过滤,将滤液转入 50mL 蒸发皿中。用去离子水洗涤残渣,用滤纸吸干后称量,从而算出溶液中溶解的铁屑的质量。

(3)硫酸亚铁铵的制备:根据 $FeSO_4$ 的理论产量,计算所需 $(NH_4)_2SO_4$ 的用量。称取 $(NH_4)_2SO_4$ 固体,将其加入制备的 $FeSO_4$ 溶液中,在水浴上加热搅拌,使硫酸铵全部溶解,调节 pH 为 1 ~ 2。蒸发浓缩至液面出现一层晶膜为止,取下蒸发皿,冷却至室温,使 $(NH_4)_2Fe(SO_4)_2 \cdot 6H_2O$ 结晶析出。用布氏漏斗减压抽滤,再用少量无水乙醇洗去晶体表面附着的水分,转移至表面皿上,晾干(或真空干燥)后称量,计算产率。

2. 产品检验

(1)定性鉴定产品中的 NH_4^+、Fe^{2+} 和 SO_4^{2-}。

(2)$(NH_4)_2Fe(SO_4)_2 \cdot 6H_2O$ 质量分数的测定:称取 0.8 ~ 0.9g(准确至 0.0001g)产品于 250mL 锥形瓶中,加 50mL 除氧的去离子水,15mL 3mol/L H_2SO_4、2mL 浓 H_3PO_4,便试样溶解。从滴定管中放出约 10mL $KMnO_4$ 标准溶液于锥形瓶中,加热至 70 ~ 80℃,再继续用 $KMnO_4$ 标准溶液滴定至溶液刚出现微红色(30 秒内不消失),即为终点。

根据 $KMnO_4$ 标准溶液的用量(mL),按照下式计算产品中 $(NH_4)_2Fe(SO_4)_2 \cdot 6H_2O$ 的质量分数:

$$w = \frac{5c(KMnO_4) \cdot V(KMnO_4) \cdot M \times 10^{-3}}{m}$$

公式中:w——产品中 $(NH_4)_2Fe(SO_4)_2$ 的质量分数;

M——$(NH_4)_2Fe(SO_4)_2 \cdot 6H_2O$ 的摩尔质量;

m——所取的产品质量。

(3)Fe^{3+} 的定量分析:用烧杯将去离子水煮沸 5 分钟,以除去溶液中的氧,盖好,冷却后备用。称取 0.2g 产品,置于试管中,加 1mL 备用的去离子水使之溶解,再加入 5 滴 2mol/L HCl 溶液和 2 滴 1mol/L KSCN 溶液。最后用除氧的去离子水稀释到 5mL,摇匀,在 721 型分光光度计上进行比色分析与表 2-24 对照以确定产品等级。

表 2-24 硫酸亚铁铵产品等级与 Fe^{3+} 的质量分数

产品等级	I 级	II 级	III 级
$w_{Fe^{3+}} \times 100$	0.005	0.01	0.02

【注意事项】

1. 用 Na_2CO_3 溶液清洗铁屑油污的过程中，一定要不断搅拌以免溶液暴沸烫伤人，并应补充适量水。

2. 硫酸亚铁溶液要趁热过滤，以免出现结晶。

【思考题】

1. 制备硫酸亚铁铵时为什么要保持溶液呈强酸性？

2. 检验产品中 Fe^{3+} 的质量分数时，为什么要用不含氧的去离子水？

实验四　硫酸四氨合铜(Ⅱ)的制备及组成分析

【实验目的】

1. 了解硫酸四氨合铜(Ⅱ)的制备步骤及其组成的测定方法。

2. 掌握蒸馏法测定氨的技术。

【实验原理】

络合物中铜离子的含量可通过吸光光度法测定。在络合物溶液中加入强碱，并加热破坏络合物，氨就能挥发出来。用标准酸吸收，再用标准碱滴定剩余的酸，即可测得氨的含量。硫酸根含量的确定用重量法。这样就能确定络合物的化学式。

【实验仪器及试剂】

测定氨蒸馏装置、分光光度计、布氏漏斗、电热鼓风干燥箱。HCl 标准溶液（0.5mol/L）、NaOH 标准溶液（0.5mol/L）、$CuSO_4$ 标准溶液（0.2mol/L）、甲基红（1g/L）、60%乙醇溶液、$CuSO_4 \cdot 5H_2O$（固体）、NaOH（100g/L）、浓氨水（2mol/L，1mol/L）、H_2SO_4（6mol/L）、HCl（2mol/L）、HNO_3（6mol/L）、$BaCl_2$（100g/L）、$AgNO_3$（0.1mol/L）、乙醇（无水、95%乙醇）。

【实验步骤】

1. 硫酸四氨合铜的制备

取 10g $CuSO_4 \cdot H_2O$ 溶于 14mL 水中，加入 20mL 浓氨水，沿烧杯壁慢慢滴加 35mL 95% 的乙醇，然后盖上表面皿。静止析出晶体后，减压过滤，晶体用 1∶2 的乙醇与浓氨水的混合液洗涤，再用乙醇与乙醚的混合液淋洗，然后将其在 60℃ 左右烘干，称量，保存备用。

2. 硫酸四氨合铜的组成测定

(1) NH_3 的测定：称取 0.25～0.30g（准确至 0.0002g）试样，放入 250mL 锥形瓶中，

加 80mL 水溶解，再加入 10mL NaOH 溶液（此时要防止 NH_3 逸出）在另一锥形瓶中，准确加入 30~35mL 0.5mol/L HCl 标准溶液，放入冰浴中冷却。

装配好仪器，从安全漏斗中加 3~5mL NaOH 溶液于小试管中，漏斗下端插入液面下 2~3cm。整个操作过程中漏斗下端的出口不能露在液面之上。小试管口的胶塞要切去一个缺口，使试管内与锥形瓶相通。加热试样，先用大火加热，当溶液接近沸腾时，改用小火，保持微沸状态，蒸馏 1 小时左右，即可将氨全部蒸出。蒸馏完毕后，取出插入 HCl 溶液中的导管。用蒸馏水冲洗导管内外，洗涤液收集在氨吸收瓶中。从冰浴中取出吸收瓶，加 2 滴甲基红溶液，用 0.5mol/L NaOH 标准溶液滴定剩余的 HCl 溶液。此过程中反应式如下：

$$Cu(NH_3)_4SO_4 + 2NaOH \longrightarrow CuO\downarrow + 4NH_3\uparrow + Na_2SO_4 + H_2O$$

按下式计算 NH_3 的含量：

$$w_{NH_3} = \frac{(c_1V_1 - c_2V_2) \times 17.04g/mol}{m_s}$$

公式中：c_1V_1——HCl 标准溶液的浓度和体积；

c_2V_2——NaOH 标准溶液的浓度和体积；

m_s——试样质量；

17.04g/mol——NH_3 的摩尔质量。

(2)SO_4^{2-} 的测定：用重量法分析 SO_4^{2-} 含量。

(3)Cu^{2+} 的测定

①绘制工作曲线：取 0.2mol/L $CuSO_4$ 标准溶液，配制 100mL 浓度分别为 0.0100mol/L、0.00800mol/L、0.00500mol/L、0.00200mol/L 的 $CuSO_4$ 溶液。

取上面配制的四种浓度的 $CuSO_4$ 溶液各 10.00mL，分别加入 10.00mL 2mol/L 氨水溶液，混合后，用 2cm 比色皿在波长 λ 为 610nm 的条件下，用分光光度计测量溶液吸光度 A。以 A-c(Cu^{2+}) 作图。

②Cu^{2+} 含量测定：称取 0.34~0.37g（称取至 0.0002g）试样，用 5mL 水溶解后，滴加 6mol/L H_2SO_4 至溶液从深蓝色变至蓝色（表示络合物已解离），定量转移到 250mL 容量瓶中，稀释至刻度，摇匀。取出 10.00mL 1mol/L 氨水，混合均匀后，在与测定工作曲线相同的条件下测量吸光度。

根据测得的吸光度，从工作曲线上找出相应的 Cu^{2+} 浓度，并按下式计算出 Cu^{2+} 含量：

$$w_{Cu^{2+}} = \frac{c \times 63.54g/mol}{4m_s}$$

公式中：c——工作曲线上查出的 Cu^{2+} 浓度；

m_s——试样质量；

63.54g/mol——Cu 的摩尔质量。

【实验数据和结果】

根据组成分析的实验结果，计算所测得试样中 Cu^{2+}、NH_3、SO_4^{2-} 和 H_2O 的含量，并确定试样的实验式。

【思考题】

1. 试拟出测定硫酸四氨合铜中 SO_4^{2-} 含量的实验步骤。
2. 硫酸四氨合铜中 Cu^{2+}、NH_3 和 SO_4^{2-} 还可以用哪些方法测定?

实验五　牛奶酸度和钙含量的测定

【实验目的】

1. 了解牛奶酸度和钙含量的检测方法及其表示方法。
2. 了解配位滴定法的原理及方法。

【实验原理】

通过测定牛奶的酸度即可确定牛乳的新鲜程度,同时可反映出乳质的实际状况。

乳的酸度一般以中和 100mL 牛乳消耗 0.1mol/L 氢氧化钠溶液的毫升数来表示。正常牛乳的酸度随乳牛的品种、饲料、泌乳期的不同而略有差异,但一般均在 14 ~ 18°T。如果牛乳放置时间过长,因细菌繁殖而致使牛乳酸度降低。因此,牛乳的酸度是反映乳质量的一项重要指标。

测定牛奶中的钙含量采取配位滴定法,用二乙胺四乙酸二钠盐(EDTA)溶液滴定牛奶中的钙。用 EDTA 测定钙,一般在 pH 为 12 ~ 13 的碱性溶液中,以钙试剂(铬蓝黑 R)为指示剂。计量点前钙与钙试剂形成粉红色配合物,当用 EDTA 溶液滴定至计量点时,游离出指示剂,溶液呈现蓝色。

滴定时若有 Fe、Al 干扰,用三乙醇胺掩蔽。

【实验仪器及试剂】

量筒、锥形瓶、碱式滴定管、pHS-25 型酸度计、移液管(25mL)。1% 酚酞指示剂、0.1mol/L 氢氧化钠标准溶液、pH = 6.88 标准缓冲溶液、EDTA 标准溶液(0.02mol/L)、NaOH(20%)、铬蓝黑 R(0.5%)或 MgY – EBT 指示剂。

【实验步骤】

1. 酸度的测定

(1)滴定法:量取 50mL 鲜乳,注入 250mL 锥形瓶中。用 50mL 中性蒸馏水稀释,加入 1% 酚酞指示剂 5 滴,混匀。用 0.1mol/L 氢氧化钠标准溶液滴定,不断摇动,直至微红色在 1 分钟内不消失为止。计算酸度以 100mL 牛乳消耗的 NaOH 克数表示;或量取 250mL 酸牛乳,搅拌均匀,然后准确称取此酸牛乳 15 ~ 20g 于 250mL 锥形瓶中,加入 50mL 40℃ 的蒸馏水(摇匀),加 0.1% 酚酞指示剂 3 滴,用 0.1mol/L NaOH 标准溶液滴至微红色在 30 秒内不消失，即为终点。重复 3 次，计算酸度（以 100g 酸牛奶消耗的 NaOH 的克数表示）。

（2）酸度计法：按照 pH 计的使用说明，用标准缓冲溶液（pH = 6.88）定位。用蒸馏水洗净电极，擦干。取 50mL 鲜牛奶放入 100mL 烧杯中，在酸度计上测定 pH。

2. 钙含量的测定

准确移取牛奶试样 25.00mL 三份，分别加入 250mL 锥形瓶中，加入蒸馏水 25mL、20% NaOH 溶液 2mL，摇匀，再加入 10 ~ 15 滴铬蓝黑 R 指示剂，用 EDTA 标准溶液滴定至溶液由粉红色变为明显灰蓝色，即为终点。平行测定 3 次，计算牛奶中的含钙量（以每 100mL 牛奶含钙的毫克数表示）。将纯鲜牛奶换成高钙牛奶，重复做 3 次，计算高钙牛奶中的含钙量。

$$Ca_{(mg/100mL)} = \frac{c_{EDTA} V_{EDTA} \times 40}{25} \times 100$$

【思考题】

1. 牛奶酸度和钙含量是怎样表示的？
2. 锌标准溶液如何配制？
3. EDTA 滴定牛奶中钙的原理？如何消除 Fe、Al 的干扰？

实验六　果蔬中维生素 C 的提取和定量测定（2，6 - 二氯酚靛酚滴定法）

【实验目的】

1. 学习并掌握定量测定维生素 C 的原理和方法。
2. 了解蔬菜、水果中维生素 C 的含量情况。

【实验原理】

维生素 C 是人类最重要的维生素之一，缺少其会导致坏血病，因此维生素 C 又称为抗坏血酸。它对物质代谢的调节具有重要作用。近年来，研究发现维生素 C 还有增强机体对肿瘤的抵抗力，并具有化学致癌物的阻断作用。

维生素 C 是不饱和多羟基物，属于水溶性维生素，分布很广，在许多水果、蔬菜中均有较高含量。

维生素 C 具有很强的还原性。还原型抗坏血酸能还原染料 2，6 - 二氯酚靛酚（DCIP）。在酸性溶液中，2，6 - 二氯酚靛酚呈红色，还原后变为无色。因此，当用此染料滴定含有维生素 C 的酸性溶液时，维生素 C 尚未全部被氧化前，则滴下的染料立即被还原成无色，一旦溶液中的维生素 C 已全部被氧化，则滴下的染料立即使溶液变成粉红色。所以，当溶液从无色变成微红色时即表示溶液中的维生素 C 刚好全部被氧化，此时即为滴定终点。如无其他杂质干扰，样品提取液所还原的标准染料量与样品中所含的还原型抗坏血酸量成正比。

【实验仪器及试剂】

研钵、组织匀浆器、吸量管、抽滤设备、离心机、滤纸、容量瓶、滴定管、锥形瓶。2%草酸溶液（草酸2g，溶于100mL蒸馏水中）、1%草酸溶液（草酸1g，溶于100mL蒸馏水中）、标准抗坏血酸溶液（1mg/mL）[准确称取100mg纯抗坏血酸（应为洁白色，如变为黄色则不能用）溶于1%草酸溶液中，并稀释至100mL，贮于棕色瓶中，冷藏。最好临用前配制]、0.1% 2，6-二氯酚靛酚溶液[将250mg 2，6-二氯酚靛酚溶于150mL含有52mg $NaHCO_3$ 的热水中，冷却后加水稀释至250mL，贮于棕色瓶中冷藏（4℃）约可保存1周。每次临用时，以标准抗坏血酸溶液标定]、水果、蔬菜。

【实验步骤】

1. 提取

用水洗净待测的新鲜蔬菜或水果，用纱布或吸水纸吸干表面水分。然后称取20g，加入10~20mL 2%草酸溶液，研磨成浆状，抽滤，合并滤液，滤液总体积定容至50mL；或者研磨后用2%草酸溶液洗涤、离心（4000r/min，10min）2~3次，合并上清液于50mL容量瓶中，定容至刻度。

2. 标准液滴定

准确吸取标准抗坏血酸溶液1mL置于100mL锥形瓶中，加9mL 1%草酸溶液。以0.1% 2，6-二氯酚靛酚溶液滴定至呈淡红色，并保持15秒不褪色，即达终点。由所用染料的体积计算出1mL染料相当于多少毫克抗坏血酸（取10mL 1%草酸溶液作空白对照，按以上方法滴定）。

3. 样品滴定

准确吸取滤液两份，每份10mL，分别放入两个锥形瓶中，滴定方法同前。另取10mL 1%草酸溶液作空白对照滴定。

【实验数据和结果】

$$维生素 C 含量（mg/100g 样品）= \frac{(V_A - V_B) \times C \times T \times 100}{D \times W}$$

公式中：V_A——滴定样品所耗用的染料的平均毫升数；

　　　　V_B——滴定空白对照所耗用的染料的平均毫升数；

　　　　C——样品提取液的总毫升数；

　　　　D——滴定时所取的样品提取液毫升数；

　　　　T——1mL染料能氧化抗坏血酸的毫克数（由步骤2计算出）；

　　　　W——待测样品的质量（g）。

【注意事项】

1. 某些水果、蔬菜(如橘子、西红柿等)浆状物泡沫较多,可加数滴丁醇或辛醇。

2. 整个操作过程要迅速,防止还原型抗坏血酸被氧化。滴定过程一般不超过 2 分钟。滴定所用的染料不应小于 1mL 或大于 4mL。如果样品中含维生素 C 过高或过低时,可酌情增减样液用量或改变提取液稀释倍数。

3. 本实验必须在酸性条件下进行,因在此条件下,干扰物反应进行得很慢。

4. 2% 草酸溶液有抑制抗坏血酸氧化酶的作用,而 1% 草酸溶液无此作用。

5. 滴定干扰因素:

① 若提取液中色素很多时,滴定不易看出颜色变化,可用白陶土脱色,或加 1mL 氯仿。到达终点时,氯仿层呈现淡红色。

② Fe^{2+} 可还原 2,6 - 二氯酚靛酚。对含有大量 Fe^{2+} 的样品可用 8% 乙酸溶液代替草酸溶液提取,此时 Fe^{2+} 不会很快与染料起作用。

③ 样品中可能有其他杂质还原 2,6 - 二氯酚靛酚,但反应速度均较抗坏血酸慢,因而滴定开始时,染料要迅速加入,而后尽可能一点一点地加入,并不断摇动锥形瓶直至溶液呈粉红色,且 15 秒内不褪色即为终点。

【思考题】

1. 为了测得准确的维生素 C 含量,实验过程中都应注意哪些操作步骤?为什么?

2. 试简述维生素 C 的生理意义。

实验七　水质及水的净化

【实验目的】

1. 了解水质的含义及硬水和去离子水的概念。

2. 了解用离子交换法纯化水的原理和方法。

3. 进一步学习离子交换树脂和电导率仪的使用方法。

4. 掌握水中无机离子杂质的定性鉴定方法。

【实验原理】

1. 硬水和水的硬度

通常将溶有微量或不含 Ca^{2+}、Mg^{2+} 等离子的水叫作软水,而将溶有较多量 Ca^{2+}、Mg^{2+} 等离子的水叫作硬水。水的硬度是指溶于水中的 Ca^{2+}、Mg^{2+} 等离子的含量。水中所含钙、镁的酸式碳酸盐经加热易分解而析出沉淀,由这类盐所形成的硬度称为暂时硬度;而由钙、镁的硫酸盐、氯化物、硝酸盐所形成的硬度称为永久硬度。暂时硬度和永久硬度总称为总硬度。

2. 水质

水质可用水的纯度表示。水的纯度是水中杂质相对含量的量度。天然水中的杂质包括微生物、溶解的气体、胶体、固体颗粒物质以及电解质的组成离子。人们对水的纯度认识是随着制水工艺的发展逐步深化的。早期把蒸馏水当作纯水，用电导率仪测其电导率为 $(1 \sim 2) \times 10^5 \, \text{S/cm}$。近代的制水工艺有了很大提高，如用离子交换法、反渗透法、电渗析法、紫外灯杀菌法、超过滤及微孔精过滤等方法得到的高纯水，其电导率在 $5.5 \times 10^{-8} \, \text{S/cm}$ 左右。锅炉、化学化工、生物、地质、宇航以及电子工业等用水对水质有不同的等级要求。水质分析项目很多，包括色、嗅、浊度、酸度、硬度、总固体物、有机物、微生物以及溶解的电解质组成的离子等。水质通常按硬度的大小进行分类，如表 2 - 25 所示。

表 2 - 25　水质的分类

水质	水的总硬度	
	CaO(mg/L)	CaO(mmol/L)
很软水	0 ~ 40	0 ~ 0.72
软水	40 ~ 80	0.72 ~ 1.4
中等硬水	80 ~ 160	1.4 ~ 2.9
硬水	160 ~ 300	2.9 ~ 5.4
很硬水	>300	>5.4

注：也有用度(°)表示硬度，即每 dm^3 水中含 10mg CaO 为 1 度；$1° = 10\text{ppm}$。

3. 离子交换法净化处理

离子交换法是目前广泛采用的制备纯水的方法之一。水的净化过程是在离子交换树脂上进行的。离子交换树脂是一种带有交换活性基团的多孔网状结构的高分子化合物。根据树脂所含基性基团的不同，离子交换树脂可分为两种。

(1)732 型强酸型阳离子交换树脂：含有能与水溶液中阳离子进行交换的阳离子，如 Na^+、H^+。

(2)717 型强碱型阴离子交换树脂：含有能与水溶液中阴离子进行交换的阴离子，如 OH^-。

离子交换树脂在进行交换时，是树脂与溶液之间发生的离子可逆交换。在交换过程中，高分子固体(树脂)化合物的本体结构不发生实质变化。

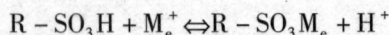

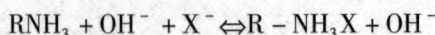

$$R - SO_3H + M_e^+ \Leftrightarrow R - SO_3M_e + H^+$$

$$RNH_3 + OH^- + X^- \Leftrightarrow R - NH_3X + OH^-$$

经过交换产生的 H^+ 和 OH^- 离子结合成水分子。使用阳离子交换树脂软化水，能去掉阴离子，这样的水只能作为低压锅炉、纸浆、印染、食品等部分工业用水。因为，这样处理后，水中还含有各种阴离子，如 Cl^-、SO_4^{2-}、HCO_3^- 等，不适用于医药卫生、电子、化学试剂等的用水要求。

经过多组阴、阳离子交换树脂柱提纯的水纯度较高，通常叫作去离子水。使用一段时间后，阴、阳离子交换树脂会失效(一般根据电导率仪测定的电导率值确定)，需要用稀 NaOH 和稀 HCl 进行"再生"处理，然后再使用。

【实验仪器及试剂】

烧杯(25mL)、锥形瓶(25mL)、白瓷板、洗瓶、碱式滴定管(50mL)、滴定管夹、玻璃棒、滤纸、玻璃纤维、T 形管、乳胶管、电导率仪(附铂黑电极和光亮电极)。盐酸(HCl)(1mol/L)、硝酸(HNO_3)(1mol/L)、氢氧化钠(NaOH)(1mol/L)、氨水($NH_3 \cdot H_2O$)(2mol/L)、硝酸银($AgNO_3$)(0.1mol/L)、氯化钡($BaCl$)(0.1mol/L)、氯化钠(NaCl)(s)、无水硫酸钠(Na_2SO_4)(s)、去离子水、732 型强酸型阳离子交换树脂、717 型强碱型阴离子交换树脂、铬黑 T、钙指示剂、广泛 pH 试纸，pH = 10 的缓冲溶液。

【实验步骤】

1. 硬水软化 - 离子交换法

(1)装柱：将已拆除下端尖嘴和玻璃珠的简易滴定管作为交换柱，于其底部塞入少量玻璃纤维，下端通过乳胶管与 T 形管相连接。T 形管下端的乳胶管用螺丝夹夹住。将交换柱固定在铁架上，取离子交换树脂(已用酸转型处理过的或已再生的)置于烧杯中，尽可能倾出多余的酸液，加入去离子水调匀成"糊状"，并将其逐步转移到柱内，使树脂层的高度约为 20cm 即可。为使离子交换顺利进行，树脂层内装入柱内不得出现气泡。在装柱时，应让树脂带水转移并沉入已装有去离子水的滴定管中，这样可以使树脂齐填紧密。若水过满，可拧松螺丝夹，使水流出，但同时应注意不要使水面低于树脂层，否则会出现气泡。若出现这种情况，应重新装柱。调节螺丝夹，使溶液逐滴流出，同时从滴定管上方不断加入去离子水洗涤离子交换树脂，直至流出液呈中性(用 pH 试纸检验)。弃去全部流出液。在洗涤离子交换树脂的整个过程中，都应使之处于润湿状态，因此在离子交换树脂上方应保持有足够的去离子水。

(2)离子交换：将高位槽(或直接用乳胶管接上自来水管)的水样慢慢注入交换柱中，同时调节下端的螺丝夹使经离子交换后的流出水以每分钟 25 ~ 30 滴的流速滴出。弃去开始流出的约 20mL 水，然后用小烧杯接取流出的水约 30mL，称为 1# 样品，留做水的电导率测定和杂质离子检验。

2. 水的净化 - 离子交换法

(1)装柱：取 2 支简易滴定管，按照上述的装柱方法分别装入阴离子交换树脂(作为柱2)和阴、阳离子的混合交换树脂(作为柱3)。然后，用乳胶管和玻璃管将实验步骤1(1)中的交换柱(作为柱1)与柱2、柱3相连接，并用螺丝夹将相连的乳胶管夹紧。每支交换柱都需要固定在铁架上，如图 2 - 2 所示。

(2)离子交换：用乳胶管接自来水作为原料水样慢慢注入交换柱中，同时把柱1与柱2下端的螺丝夹夹紧，调节柱1与柱2之间、柱2与柱3之间相连的乳胶管的螺丝夹和柱3下端的螺丝夹，控制离子交换后流出的水以每分钟 25~30 滴的流速滴出。用干净的 50mL 小烧杯承接流出水，弃去开始流出的约 20mL 水，再取流出水约 30mL。在柱

2 下端接出的水样标为 2# 样品，在柱 3 下端接出的水样标为 3# 样品，所取的 2# 水样和 3# 水样留做检验用。

3. 水的电导率测定

用电导率仪分别测定 1#、2#、3# 净化水样（用 DJS – 1 光亮电极）的电导率，再测自来水（4# 水样）的电导率（用 DJS – 1 铂黑电极）。水样均用 50mL 烧杯盛装。

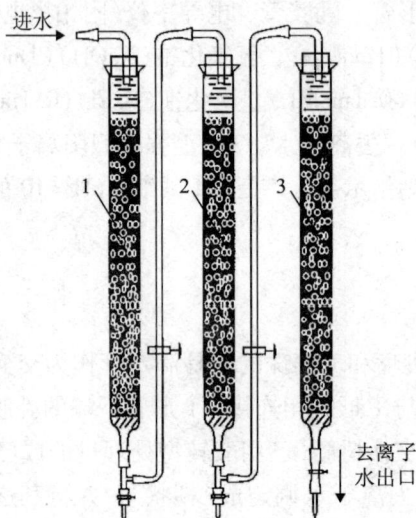

1-阳离子交换柱   2-阴离子交换柱   3-阴、阳离子混合交换柱

图 2 – 2   离子交换法净化水的装置示意图

【注意事项】

1. 本实验所用的玻璃仪器都应用去离子水洗净。

2. 水样的电导率要尽快测定，因为空气中 CO_2 等气体溶入后会造成电导率升高。

3. 每次测电导率前，用待测水样冲洗电导电极，再用清洁、干燥的滤纸轻轻仔细地吸干。特别注意防止将铂黑电极上的铂黑擦掉。测定电导率的水样要倒入 5mL 清洁烧杯中，以用作冲洗电极、测定和定性分析。

4. 电导率仪使用时必须把电极铂片全部浸入水样；测量后取出电导电极前必须先将"校正/测量"开关拨到"校正"位置。

【思考题】

1. 硬水、软水、去离子水区别是什么？

2. 制备去离子水的原理是什么？

3. 用离子交换法制备去离子水时，水的质量与哪些操作因素有关？

4. 水的电导率值越小，水样的纯度是否一定越高？

5. 使用电导率仪应注意哪些操作规范？

6. 从各级交换柱底部承接的流出水样的质量有什么差别？

第三章 有机化学实验

第一节 有机化学的基本操作

实验一 有机混合物的蒸馏、分馏

【蒸馏】

【实验目的】

1. 学习普通蒸馏的原理及应用。
2. 掌握实验室常用蒸馏方法的操作。

【实验原理】

蒸馏是分离和纯化液体有机物常用的方法之一。当液体物质被加热时，该物质的蒸气压达到液体表面大气压时，液体沸腾，这时的温度称为沸点。常压蒸馏就是将液体加热到沸腾状态，使其变成蒸气，又将蒸气冷凝后得到液体的过程。

液态有机物在一定压力下均有其固定的沸点。利用蒸馏可将两种或两种以上沸点相差较大（>30℃）的液体混合物分开。但是应该注意，某些有机物往往能和其他组分形成二元或三元的恒沸混合物，它们也有固定的沸点。因此具有固定沸点的液体，有时不一定是纯化合物。纯液体化合物的沸距一般为 0.5~1℃，混合物的沸距则较长。可以利用蒸馏来测定液体化合物的沸点。

【实验步骤】

1. 将实验装置按从下向上、从左到右原则安装完毕，注意各磨口之间的连接。选择一个大小适宜的烧瓶，待蒸馏的液体（无水乙醇）量不宜超过其容积一半。温度计经套管插入蒸馏头中，并使温度计的水银球正好与蒸馏头支口的下端一致。
2. 将待蒸馏的液体经漏斗加入蒸馏烧瓶中，放入 1~2 粒沸石，然后通入冷凝水。

3. 最初小火加热，然后慢慢加大火力，使之沸腾，开始蒸馏。

4. 调节火源，控制蒸馏速度为 1~2 秒/滴，记下第一滴馏出液的温度。

5. 维持加热温度，继续蒸馏，收集所需温度范围的馏分。当不再有馏分蒸出且温度突然下降时，停止蒸馏。

6. 蒸馏完毕，关闭热源，停止通水，拆卸实验装置。其顺序与安装时相反。

【注意事项】

1. 加沸石可使液体平稳沸腾，防止液体过热导致暴沸；一旦停止加热后再蒸馏，应重新加沸石；若忘记加沸石，应停止加热，冷却后再补加。

2. 冷凝水从冷凝管支口的下端进，上端出。

3. 溶液沸腾时的温度就是馏出液的沸点。

4. 切勿蒸干，以防意外事故发生。

【分馏】

【实验目的】

1. 学习分馏的原理及应用。

2. 掌握实验室常用分馏方法的操作。

【实验原理】

分馏也是分离提纯液体有机物的一种方法。分馏主要适用于沸点相差不大的液体有机物的分离提纯。其分离效果较蒸馏好。

分馏通常是在蒸馏的基础上用分馏柱来进行的。利用分馏柱进行分馏，实际上就是让在分馏柱内的混合物进行多次气化和冷凝。当上升的蒸气与下降的冷凝液互相接触时，上升的蒸气部分冷凝放出热量使下降的冷凝液部分汽化，两者之间发生热量交换。其结果是上升蒸气中易挥发组分增加，而下降的冷凝液中高沸点组分增加。如果继续多次，就等于进行了多次的气液平衡，即达到了多次蒸馏的效果。这样靠近分馏柱顶部易挥发物质的组分比率高，而烧瓶里高沸点组分的比率高。当分馏柱的效率足够高时，在分馏柱顶部出来的蒸气就接近于纯低沸点的组分，而高沸点组分则留在烧瓶里，最终便可将沸点不同的物质分离出来。

【实验步骤】

选一根韦氏分馏柱，将实验装置安装完毕，注意各磨口之间的连接。在 100mL 圆底烧瓶中放入 70% 乙醇水溶液约 60mL，加入 2~3 粒沸石，安装好蒸馏装置。

通入冷凝水，水浴加热，控制加热速度，收集前馏分。当温度达到 78℃ 时，调换接收器，收集馏出液。馏出速度控制在 1~2 秒/滴，分段收集馏分，分别记下各馏分相应的温度。

当温度持续下降时，即可停止加热。记录馏出液、前馏分和残余液的体积，并测定馏出液的质量百分浓度。

【注意事项】

1. 馏出速度太快，产物纯度下降；馏出速度太慢，馏出温度易上下波动。为减少柱内热量散失，可用石棉绳将其包起来，使蒸气慢慢上升到柱顶。

2. 由于温度计的误差，实际温度可能略有差异。注意切不可将液体蒸干。

3. 分馏要结束时，由于乙醇蒸气不足，温度计水银球不能被乙醇蒸气包围，因此会温度出现下降。

4. 用乙醇比重计测定，一般可达89% ~94%。

【思考题】

1. 什么是沸点？测沸点有何意义？如果液体具有恒定的沸点，那么能否认为它是单纯物质？

2. 什么是蒸馏、分馏？两者在原理、装置、操作方面有何异同？蒸馏的意义？

3. 什么是暴沸？如何防止暴沸？

4. 蒸馏装置中温度计的位置是怎样的？位置太高或太低对实验结果有何影响？

5. 蒸馏速度人快或人慢，对实验结果有何影响？

6. 分馏柱的分馏效率高低取决于哪些因素？

实验二 减压蒸馏

【实验目的】

1. 学习减压蒸馏的基本原理。
2. 掌握减压蒸馏的基本操作。

【实验原理】

液体的沸点是指其蒸气压等于外界压力时的温度。因此液体的沸点是随外界压力的变化而变化的。如果借助于真空泵降低系统内压力，就可以降低液体的沸点，这就是减压蒸馏操作的理论依据。

减压蒸馏是分离可提纯有机化合物的常用方法之一，特别适用于那些在常压蒸馏时未达沸点即已受热分解、氧化或聚合的物质。

【实验仪器及试剂】

减压蒸馏装置。乙酰乙酸乙酯。

减压蒸馏装置主要由蒸馏、抽气(减压)、安全保护和测压四部分组成。蒸馏部分由蒸馏瓶、克氏蒸馏头、毛细管、温度计及冷凝管、接收器等组成。克氏蒸馏头可减少由于液体暴沸而溅入冷凝管的可能性。而毛细管的作用,则是作为汽化中心,使蒸馏平稳,避免液体过热而产生暴沸冲出现象。毛细管口距瓶底 1~2mm。为了控制毛细管的进气量,可在毛细玻璃管上口套一段软橡皮管。橡皮管中插入一段细铁丝,并用螺旋夹夹住。蒸出液接收部分,通常用多尾接液管连接两个或三个梨形或圆形烧瓶,在接收不同馏分时,只需转动接液管。在减压蒸馏系统中切勿使用有裂缝或薄壁的玻璃仪器,尤其不能用不耐压的平底瓶(如锥形瓶等),以防止内向爆炸。抽气部分用减压泵,最常用的减压泵有水泵和油泵两种。安全保护部分一般有安全瓶,若使用油泵,还必须有冷阱及分别装有粒状氢氧化钠、块状石蜡及活性炭、硅胶或无水氯化钙等吸收干燥塔,以避免低沸点溶剂,特别是酸和水气进入油泵而降低泵的真空效能。所以在油泵减压蒸馏前必须在常压或水泵减压下蒸除所有低沸点液体、水以及酸、碱性气体。测压部分采用测压计。

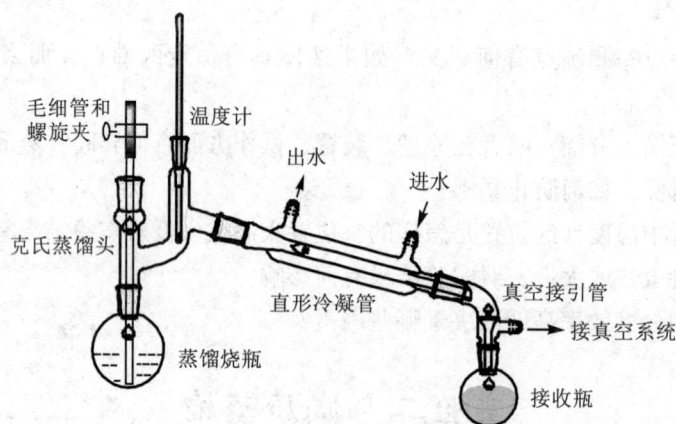

图 3-1 减压蒸馏装置

【注意事项】

1. 仪器安装好后,先检查是否漏气。检查方法:关闭毛细管,减压至压力稳定后,夹住连接系统的橡皮管,观察压力计水银柱有否变化,无变化说明不漏气,有变化即表示漏气。

2. 为保证系统密闭性,磨口仪器的所有接口部分都必须用真空油脂润涂。检查仪器不漏气后,加入待蒸馏的液体,加入量不要超过蒸馏瓶容积的一半,关好安全瓶上的活塞,开动油泵,调节毛细管导入的空气量,以能冒出一连串小气泡为宜。

3. 当压力稳定后,开始加热。液体沸腾后,应注意控制温度,并观察沸点变化情况。待沸点稳定时,转动多尾接液管接收馏分。蒸馏速度以 0.5~1 滴/秒为宜。

4. 蒸馏完毕,除去热源,慢慢旋开夹在毛细管上的螺旋夹。待蒸馏瓶稍冷却后再慢慢开启安全瓶上的活塞,平衡内外压力(若开得太快,水银柱过上升过快,有冲破测压计的可能),然后关闭抽气泵。

【思考题】

1. 什么性质的化合物需用减压蒸馏进行提纯？
2. 使用水泵减压蒸馏时，应采取哪些预防措施？
3. 使用油泵减压时，要有哪些吸收和保护装置？其作用是什么？
4. 当减压蒸完所要的化合物后，应如何停止减压蒸馏？为什么？

实验三　重结晶与过滤

【实验目的】

1. 学习重结晶提纯固态有机化合物的原理；初步掌握用重结晶方法提纯固体有机化合物的方法。
2. 掌握抽滤、热滤操作和滤纸折叠的方法。
3. 了解活性炭脱色的原理及操作。

【实验原理】

利用混合物中各组分在某种溶剂中的溶解度不同，或在同一溶剂中不同温度时的溶解度不同，而使它们相互分离（相似相溶）。

重结晶提纯法的一般过程包括：选择溶剂、溶解固体、去除杂质、晶体析出、晶体的收集与洗涤、晶体的干燥。

【实验仪器及试剂】

抽滤装置。乙酰苯胺、活性炭。

【实验步骤】

1. 选择溶剂
根据原料乙酰苯胺选用合适的溶剂，本实验选用水。

2. 溶解固体
称取 2g 乙酰苯胺，放在 150mL 锥形瓶中，加入 70mL 纯水，加热至乙酰苯胺溶解。若不溶解，可适量添加少量热水，搅拌并加热至液体接近沸腾，使乙酰苯胺溶解。稍冷却后，加入适量（0.5～1g）活性炭于溶液中，煮沸 5～10 分钟。注意判断是否有不溶或难溶性杂质存在，以免加水过多。

3. 通过热过滤去除杂质
方法一：用热漏斗趁热过滤（预先加热漏斗，滤纸叠成菊花形，准备锥形瓶接收滤液，减少溶剂挥发用的表面皿）。若用有机溶剂，过滤时应先熄灭火焰或使用挡火板。用一烧杯收集滤液。注意每次倒入漏斗中的液体不要太满，也不要等溶液全部滤完后再加。

方法二：将布氏漏斗预先烘热，然后趁热过滤，可避免晶体析出而损失。

上述两种方法在过滤时，应先用溶剂润湿滤纸，以免结晶析出而阻塞滤纸孔。

4. 冷却后晶体的析出

滤液放置冷却后，可有乙酰苯胺析出。若将滤液置于冷水浴（冰水浴）中迅速冷却并搅拌，可得到颗粒较小的晶体。若想得到均匀而较大的晶体，可在室温或保温下静置缓慢冷却，并用玻璃棒摩擦或投入晶体促使其析出。

5. 晶体的收集与洗涤

冷却后液体抽气过滤。抽干后，用玻璃钉压挤晶体。继续抽滤，尽量除去母液，然后，进行晶体洗涤工作，抽干。在操作过程中，过滤和洗涤应快，这样固液分离较完全，滤出固体易干燥。注意滤纸的大小应比漏斗内径小但能盖住所有小孔；布氏漏斗斜口应与抽滤瓶支管相对；过滤时先用溶剂润湿滤纸，抽气使之吸紧；滤饼尽量抽干、压干，洗涤滤饼时用滤液洗涤；停止过滤时，先拨抽气管，再关泵，防倒吸。

6. 晶体的干燥

用刮刀将晶体转移至表面皿上，摊开成薄层，置于空气中晾干或在干燥器中干燥；也可用沸水干燥，即用小烧杯，用尽可能少的水加热，将表面皿置于烧杯上，首先称出表面皿的重量，然后将滤饼置于表面皿上，加热干燥。

7. 晶体的称重与回收。

【思考题】

1. 加热溶解待重结晶的粗产品时，为什么加入溶剂的量要比计算量略少？然后逐渐添加溶剂到恰好溶解，最后再加入少量的溶剂，为什么？

2. 用活性炭脱色为什么要待固体物质完全溶解后才能加入？为什么不能在溶液沸腾时加入活性炭？

3. 使用有机溶剂重结晶时，哪些操作容易着火？

4. 用水重结晶乙酰苯胺，在溶解过程中有无油珠状出现？如有油珠出现应如何处理？

5. 使用布氏漏斗过滤时，如果滤纸大于布氏漏斗瓷孔面时，有什么影响？

6. 停止抽滤时，如不先打开安全活塞就关闭水泵，会有什么现象产生？为什么？

7. 在布氏漏斗上用溶剂洗涤滤饼时应注意什么？

第二节　有机化合物的绿色制备实验

实验一　环己烯的制备

【实验目的】

1. 学习催化环己醇脱水制取环己烯的原理和方法。

2. 了解简单蒸馏、分馏的原理；初步掌握简单蒸馏和分馏的装置及操作。

3. 掌握使用分液漏斗洗涤液体的基本操作及用干燥剂干燥液体的方法。

【实验原理】

环己烯是重要的有机化工原料，常用作医药、农药中间体和合成高聚物；在石油工业中用作萃取剂、高辛烷值汽油的稳定剂、化工生产中的溶剂，是一种重要的有机化合物。目前，工业上均采取硫酸或磷酸催化的液相脱水法或苯的部分氢化来制备。硫酸催化法是经典方法，工艺成熟，但产率不高（70% 左右），且存在腐蚀性强、碳化严重、易发生副反应等缺点。环己烯的绿色制备实验可以采用以下两种方法：

1. 用强酸性聚苯乙烯类阳离子交换树脂作催化剂，因为强酸性聚苯乙烯类阳离子交换树脂的分子中含有—HSO_3。在催化环己醇反应的过程中，反应物环己醇与磺酰基接触反应生成环己烯，而强酸性阳离子交换树脂还可重复使用。

2. 使用三氯化铁（$FeCl_3 \cdot 6H_2O$）作催化剂，催化环己醇脱水制备环己烯，具有产率高、工艺简单、操作容易控制、产品纯度高、催化剂廉价易得、性能稳定、可重复使用，且不对环境造成污染等显著优点，符合绿色化学实验的基本要求。

【实验仪器及试剂】

圆底烧瓶、电热套。环己醇、强酸性阳离子交换树脂、沸石、$FeCl_3 \cdot 6H_2O$、饱和食盐水、无水氯化钙。

【实验步骤】

方法一：在 10mL 干燥的圆底烧瓶中加入 5.2mL 环己醇、1.0g 强酸性阳离子交换树脂和几粒沸石，充分振摇使之混合均匀。烧瓶上接一短的分馏柱，接上蒸馏头、温度计、冷凝管，接受瓶浸在冷水中冷却。用电热套将烧瓶中的液体缓缓加热至沸，控制分馏柱顶部的温度不超过 85℃，慢慢蒸出生成的环己烯和水（混浊液体）。当无液体蒸出时，可适当调高电压加热。当烧瓶中只剩下少量残液并出现阵阵白雾时，即可停止蒸馏。全部蒸馏时间大约需要 1 小时。反应完成后，催化剂进行回收，再生利用。

将馏出液用食盐饱和，然后将此液体转入分液漏斗中，摇振后静置分层，分出上层的有机相，用约 0.5g 无水氯化钙干燥。待溶液清亮透明后，滤入蒸馏瓶中，加入几粒沸石后加热蒸馏。用一个已称重的锥形瓶收集 80～85℃的馏分。计算产率。

方法二：在 50mL 干燥的圆底烧瓶中，放入 10mL 环己醇、1.5g $FeCl_3 \cdot 6H_2O$，充分摇荡使两种液体混合均匀，投入几粒沸石。选取韦氏分馏柱安装分馏装置。用小锥形瓶作接收器，置于碎冰浴中。

用小火慢慢加热混合物至沸腾，以较慢速度进行蒸馏，并控制分馏柱顶部温度不超过 85℃，蒸出液为环己烯和水的混浊液。当烧瓶中只剩下很少量的残渣并出现阵阵白雾，当无液体蒸出时，应停止加热。

小锥形瓶中的粗产物，用滴管吸去水层，加入等体积的饱和食盐水，摇匀后静止，待液体分层。用吸管吸去水层，油层转移到干燥的小锥形瓶中，加入少量的无水氯化钙干燥。必须待液体完全澄清透明后，才能进行蒸馏。

将干燥后的粗制环己烯在水浴上进行蒸馏，收集 80~85℃ 的馏分。所用的蒸馏装置必须是干燥的。计算产率。

纯环己烯为无色透明液体，沸点 83℃，相对密度 d_4^{20} 0.8102，折光率 n_D^{20} 1.4465。

【注意事项】

1. 环己醇在室温下为黏稠的液体（m. p. 25.2℃），量筒内的环己醇难以倒净，会影响产率。若采用称量法则可避免损失。

2. 小火加热至沸腾，调节加热速度，以保证反应速度大于蒸出速度，使分馏得以连续进行。控制柱顶温度不超过 85℃，防止未反应的环己醇蒸出，降低反应产率。反应时间约为 40 分钟。

3. 用饱和 NaCl 溶液洗涤的目的是洗去有机层中的水溶性杂质，减少有机物在水中的溶解度。

4. 洗涤操作（分液漏斗的使用）

（1）洗涤前首先检查分液漏斗旋塞的严密性。

（2）洗涤时要做到充分轻振荡，切忌用力过猛、振荡时间过长，否则将形成乳浊液，难以分层，给分离带来困难。一旦形成乳浊液，可加入少量食盐等电解质或水，使之分层。

（3）振荡后，注意及时打开旋塞，放出气体，以使内外压力平衡。放气时要使分液漏斗的尾管朝上，切忌尾管朝人。

5. 干燥剂的用量应适量，过少则水没去除尽，蒸馏中前馏分较多；过多，则干燥剂会吸附产品，降低产率。

6. 粗产物要充分干燥后方可进行蒸馏。蒸馏所用仪器（包括接收器）要全部干燥。

7. 反应终点的判断

（1）圆底烧瓶中出现白雾。

（2）柱顶温度下降后又回升至 85℃ 以上。

（3）接收器（量筒）中馏出物（环己烯-水的共沸物）的量达到理论计算值。

8. 最好用简易空气浴，使蒸馏时受热均匀。由于反应中环己烯与水形成共沸物（沸点 70.8℃，含水 10%），环己醇与环己烯形成共沸物（沸点 64.9℃，含环己醇 30.5%），环己醇与水形成共沸物（沸点 97.8℃，含水 80%），因此在加热时温度不可过高，蒸馏速度不宜过快，以减少未作用的环己醇蒸出。

9. 水层应尽可能分离完全，否则将增加无水氯化钙的用量，使产物更多地被干燥剂吸附而招致损失。这里用无水氯化钙干燥较适合，因它还可除去少量的环己醇。

【思考题】

1. 在粗制的环己烯中，加入精盐使水层饱和的目的何在？

2. 在蒸馏终止前，出现的阵阵白雾是什么？

3. 进行分馏操作时应注意什么？

4. 在环己烯制备实验中，为什么要控制分馏柱顶温度不超过85℃？

实验二　正溴丁烷的制备（半微量合成法）

【实验目的】

1. 学习以溴化钠、浓硫酸和正丁醇制备正溴丁烷的原理与方法。

2. 练习带有吸收有害气体装置的回流加热操作。

【实验原理】

主反应：

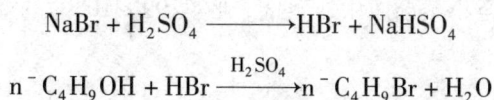

$$NaBr + H_2SO_4 \longrightarrow HBr + NaHSO_4$$

$$n\text{-}C_4H_9OH + HBr \xrightarrow{H_2SO_4} n\text{-}C_4H_9Br + H_2O$$

副反应：

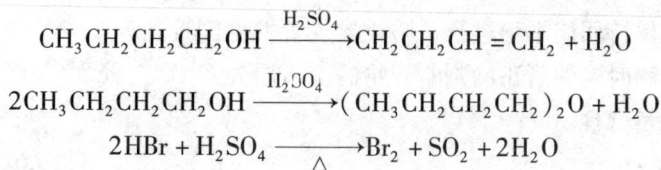

$$CH_3CH_2CH_2CH_2OH \xrightarrow{H_2SO_4} CH_2CH_2CH=CH_2 + H_2O$$

$$2CH_3CH_2CH_2CH_2OH \xrightarrow{H_2SO_4} (CH_3CH_2CH_2CH_2)_2O + H_2O$$

$$2HBr + H_2SO_4 \xrightarrow{\triangle} Br_2 + SO_2 + 2H_2O$$

【实验仪器及试剂】

50mL 三口烧瓶、回流冷凝管、滴液漏斗、恒压磁力搅拌器、直形冷凝管、分液漏斗。正丁醇、溴化钠、浓硫酸、沸石、饱和碳酸氢钠溶液、无水氯化钙。

【实验步骤】

在50mL 三口烧瓶中加入正丁醇7.5mL 和10g 研细的溴化钠，充分摇振，再加入几粒沸石。正中装上回流冷凝管，在冷凝管上端接一吸收溴化氢气体的装置，用5%的氢氧化钠溶液作吸收剂。左侧装上滴液漏斗，滴液漏斗内加入10mL 浓硫酸和2mL 浓磷酸的混合物。打开恒压磁力搅拌器电源旋钮、加热旋钮及搅拌旋钮，同时旋转滴液漏斗活塞，使混酸呈滴滴下。

回流0.5 小时后停止加热，待反应液冷却后，改回流装置为蒸馏装置（用直形冷凝管冷凝），蒸出粗产物，直到无油滴蒸出为止（注意判断粗产物是否蒸完）。

将馏出液移至分液漏斗中，加入10mL 水洗涤（产物在下层），静置分层后，将产物转入另一干燥的分液漏斗中，用5mL 浓硫酸洗涤（除去粗产物中少量未反应的正丁醇及副产物正丁醚、1-丁烯、2-丁烯）。尽量除去硫酸层（下层）。有机相依次用10mL 水

（除硫酸）、饱和碳酸氢钠溶液（中和未除尽的硫酸）和水（除残留的碱）洗涤后，转入干燥的锥形瓶中，加入 1~2g 的无水氯化钙干燥，间歇摇动锥形瓶，直到液体清亮为止。

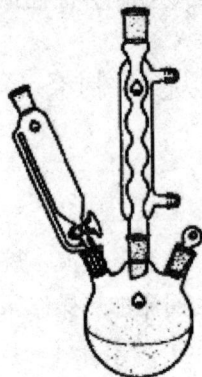

图 3－2　正溴丁烷制备装置示意图

将干燥好的产物移至小蒸馏瓶中，蒸馏，收集 99~103℃的馏分。

【注意事项】

1. 投料时应严格按本实验顺序；投料后，一定要混合均匀。
2. 反应时，保持回流平稳进行，防止导气管发生倒吸。
3. 洗涤粗产物时，注意正确判断产物的上下层关系。
4. 干燥剂用量合理。

【思考题】

1. 溴丁烷制备实验为什么用回流反应装置？
2. 溴丁烷制备实验为什么用球形而不用直形冷凝管做回流冷凝管？
3. 溴丁烷制备实验采用浓硫酸和浓磷酸混合酸有什么好处？
4. 什么时候用气体吸收装置？怎样选择吸收剂？
5. 溴丁烷制备实验中，加入浓硫酸到粗产物中的目的是什么？
6. 溴丁烷制备实验中，粗产物用 75℃弯管连接冷凝管和蒸馏瓶进行蒸馏，能否改用一般蒸馏装置进行粗蒸馏？此时该如何控制蒸馏终点？
7. 在溴丁烷制备实验中，硫酸浓度太高或太低会带来什么结果？

实验三　环己酮的绿色制备

【实验目的】

1. 掌握铬酸氧化半微量制备环己酮的原理和方法。
2. 掌握过氧化氢氧化法制备环己酮的原理和方法。

【实验原理】

方法一：实验室制备脂肪或脂环醛酮，最常用的方法是将伯醇和仲醇用铬酸氧化。铬酸是重要的铬酸盐和 40% ~ 50% 硫酸的混合物。仲醇用铬酸氧化是制备酮的最常用的方法。酮对氧化剂比较稳定，不易进一步氧化。铬酸氧化醇是一个放热反应，必须严格控制反应的温度，以免反应过于激烈。

方法二：目前有机化学实验教材中环己酮的制备方法是用浓硫酸催化的重铬酸盐氧化法。该法存在的主要缺点是严重污染环境（Cr^{6+} 是致癌物），而且催化剂浓硫酸用量较大，废酸难处理，反应时间长。用 30% H_2O_2 作为氧化剂，在 55 ~ 60℃ 的温度下，采用无毒无害的 $FeCl_3$ 催化剂催化氧化环己醇制备环己酮。反应条件温和，容易控制，氧化剂反应完后只留下水，无毒害废弃物产生，反应时间较短，而且反应后的产物也极易分离。

【实验仪器及试剂】

蒸馏装置。环己醇、重铬酸钠、浓硫酸、氯化钠、乙醚、无水碳酸钾、沸石、30% H_2O_2、$FeCl_3$。

【实验步骤】

方法一：在 400mL 烧杯中，溶解 10.5g 重铬酸钠于 60mL 水中，然后边搅拌边慢慢加入 9mL 浓硫酸，得到橙红色溶液，冷却至 30℃ 以下备用。

在 50mL 圆底烧瓶中，加入 3.5mL 环己醇，然后一次加入制备好的铬酸溶液，摇振使充分混合。放入一温度计，测量初始温度，并观察温度变化。当温度上升至 55℃ 时，立即用水浴冷却，保持反应温度在 55 ~ 60℃。约 0.5 小时后，温度开始出现下降趋势，移去水浴再放置 0.5 小时以上。其间要不时摇振，使反应完全，反应液呈墨绿色。

在反应瓶内加入 60mL 水和几粒沸石，改成蒸馏装置。将环己酮与水一起蒸出来，直至馏出液不再浑浊后再多蒸 15 ~ 20mL，收集馏出液约 50mL。馏出液用精制盐饱和后，转入分液漏斗，静置后分出有机层。水层用 15mL 乙醚萃取一次。合并有机层与萃取液，用无水碳酸钾干燥后，在水浴上蒸出乙醚后，蒸馏收集 151 ~ 155℃ 馏分，称量产品。纯粹环己酮沸点 155.7℃，折光率 $n_D^{20}1.4507$。

方法二：在带回流冷凝管、温度计、滴液漏斗的 250mL 三口烧瓶中加入 10.5mL 环己醇、2 ~ 3g 氯化铁。用滴液漏斗慢慢滴加过氧化氢 3.5mL，水浴控制反应温度为 55 ~ 60℃，过氧化氢滴加完后继续反应 30 分钟，其间不时振摇，使反应完全，反应液呈墨绿色。反应完成后在三口烧瓶中加入 60mL 水和几粒沸石，改成蒸馏装置。将环己酮和水一起蒸出来，直至流出液不再浑浊后再多馏出 15 ~ 20mL，收集约 50mL。馏出液用精盐饱和后，转入分液漏斗，静置分出有机层。水层用 15mL 乙醚萃取一次。合并有机层与萃取液，用无水碳酸钾干燥，然后水浴蒸馏除去乙醚，蒸馏收集 152 ~ 158℃ 的馏分，称量所得产物的质量。纯粹环己酮沸点 155.7℃，折光率 $n_D^{20}1.4507$。

【思考题】

1. 用铬酸氧化法制备环己酮，为什么要严格控制反应温在 55～60℃？温度过高或过低有什么影响？
2. 环己醇用铬酸氧化得到环己酮，用高锰酸钾氧化则得到己二酸，为什么？
3. 盐析的作用是什么？

实验四　乙酸乙酯的制备(半微量合成法)

【实验目的】

1. 掌握酯化反应的原理，以及由乙酸和乙醇制备乙酸乙酯的方法。
2. 学会滴加反应装置的搭制方法。
3. 熟悉分馏、分液漏斗的使用及液体的洗涤、干燥等基本操作。

【实验原理】

乙酸乙酯的制备是一个较重要的基础有机合成实验。传统制备实验中，以无水乙醇和冰醋酸为原料，用浓硫酸催化反应。由于浓硫酸腐蚀性强，使用不安全，副反应多，且产生的废液污染环境，不利环保，产率低(48%)，因此本实验选择半微量实验法，通过减少试剂的用量，降低污染物的产生，实现有机化学实验绿色化的理念。

主反应：
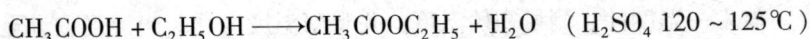
$$CH_3COOH + C_2H_5OH \longrightarrow CH_3COOC_2H_5 + H_2O \quad (H_2SO_4 \ 120～125℃)$$

副反应：
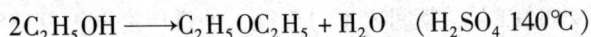
$$2C_2H_5OH \longrightarrow C_2H_5OC_2H_5 + H_2O \quad (H_2SO_4 \ 140℃)$$

【实验仪器及试剂】

蒸馏装置。冰醋酸、95%乙醇、饱和碳酸钠、饱和氯化钙、饱和氯化钠、无水硫酸镁/碳酸钾、蓝色石蕊试纸。

【实验步骤】

在 50mL 三口烧瓶中加入 5mL 无水乙醇，在冰水冷却的同时，一边摇动，一边分批加入 5mL 浓硫酸。混合均匀后，加入几粒沸石，在烧瓶一侧口和中口分别插入温度计和恒压漏斗。温度计的位置应尽可能靠近三口烧瓶底部。烧瓶的另一侧口装一个与冷凝管相连的玻璃罐，冷凝管末端连接一弯形接液管，伸入置于冰水中的锥形瓶中。

将 5mL 无水乙醇与 5mL 冰醋酸的混合溶液加入滴液漏斗，先向瓶内滴入 3～4mL。用酒精灯加热，控制反应温度在 110～120℃，然后把乙醇与冰醋酸的混合液滴入，调节加料速度，使其和酯蒸出的速度大致相等。加料时间控制为 1～1.5 小时，同时保持反应温度在110～120℃。滴加完毕后，继续加热15分钟，直至温度升高至130℃且不再有液体蒸出为止。

先用饱和碳酸钠除去酸，此步骤要求比较缓慢，注意摇动与放气，随后放入分液漏斗中放出下面的水层，用蓝色石蕊试纸检验至不变色(酸性呈红色)为止。再加10mL饱和食盐水洗涤，用以除去剩余的碳酸钠，否则会与下步洗涤所用的$CaCl_2$反应生成$CaCO_3$沉淀。不用水代替，以减少酯在其中的溶解度。最后用10mL的氯化钙$CaCl_2$洗涤2次，以除去残余的醇及少量的醚。

将酯层放入干燥的锥形瓶中，加入无水$K_2CO_3/MgSO_4$干燥，放置30分钟。注意间歇振荡。通过长茎漏斗把干燥的酯放入蒸馏所用的烧瓶中，水浴加热蒸馏。用电热套加热收集73～80℃的馏分，称量。纯粹乙酸乙酯具有果香味，为无色液体，折光率n_D^{20} 1.3723。

【思考题】

1. 酯化反应有什么特点？在实验中如何创造条件促使酯化反应尽量向生成物方向进行？
2. 本实验若采用醋酸过量的做法是否合适？为什么？
3. 蒸出的粗乙酸乙酯中主要有哪些杂质？如何除去？

实验五　乙酸正丁酯的制备

【实验目的】

1. 掌握酯合成的反应原理和方法。
2. 学习分水器的操作。

【实验原理】

目前有机化学实验中大部分采用浓H_2SO_4作催化剂，在圆底烧瓶中回流反应3～6小时合成酯。该方法对环境有污染、产率较低(50%左右)，而且存在腐蚀设备、副反应多等缺点。本实验用绿色化学的理念来合成乙酸正丁酯将大大提高反应的产率，并且将污染降低到最小。

反应式：
$$CH_3COOH + CH_3CH_2CH_2CHOH \longrightarrow CH_3COOCH_3CH_2CH_2CH + H_2O$$

【实验仪器及试剂】

蒸馏装置；正丁醇、冰醋酸、浓硫酸、10%碳酸钠溶液、无水硫酸镁。

【实验步骤】

在干燥的50mL圆底烧瓶中，装入11.5mL正丁醇和7.2mL冰醋酸，再加入1g浓硫酸，混合均匀，投入沸石，然后安装分水器及回流冷凝管。分水器内预先加水至支管后放去 3mL 水。在石棉网上加热回流，反应一段时间后把水逐渐分去，保持分水器中水层液面在原来的高度。约 40 分钟后不再有水生成，表示反应完毕。停止加热，记录分出的水量。冷却后卸下回流冷凝管，把分水器中分出的酯层和圆底烧瓶中的反应液一起倒入分液漏斗中。用 10mL 水洗涤，分去水层。酯层用 10mL 10% 碳酸钠溶液洗涤，检验是否仍呈酸性，分去水层。将酯层再用 10mL 水洗涤一次，分去水层。将酯层倒入小锥形瓶中，加少量无水硫酸镁干燥。

将干燥后的乙酸正丁酯倒入干燥的 50mL 蒸馏烧瓶中（注意不要把硫酸镁倒进去），加入沸石，安装好蒸馏装置，在石棉网上加热蒸馏，收集 124～126℃ 的馏分。

【注意事项】

1. 浓硫酸在反应中起催化作用，故只需少量。

2. 本实验利用共沸混合物除去酯化反应中生成的水。

3. 根据分出的总水量（注意减去预先加到分水器中的水量）可以粗略估计酯化反应完成的程度。

【思考题】

10% 碳酸钠溶液可以除去哪些杂质？

实验六　肉桂酸的制备（半微量合成法）

【实验目的】

1. 掌握用 Perkin 反应制备肉桂酸的原理和方法。

2. 巩固回流、简易水蒸气蒸馏等装置的操作。

【实验原理】

肉桂酸是生产冠心病药物"心可安"的重要中间体。其酯类衍生物是配制香精和食品香料的重要原料。它在农用塑料和感光树脂等精细化工产品的生产中也有着广泛的应用。

芳香醛和酸酐在碱性催化剂的作用下，可以发生类似羟醛缩合的反应，生成 α，β-不饱和芳香醛，该反应称为 Perkin 反应。催化剂通常是相应酸酐的羧酸的钾或钠盐，也可以用碳酸钾或叔胺。

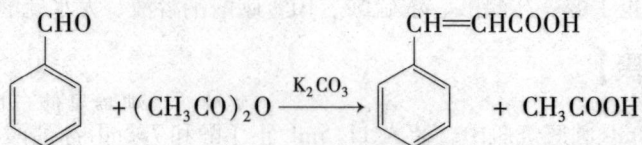

【实验仪器及试剂】

蒸馏装置；苯甲醛、无水醋酸钾、乙酸酐、饱和碳酸钠溶液、浓盐酸、活性炭。

【实验步骤】

在 100mL 三口烧瓶中加入 3g 研细的无水醋酸钾、3mL 新蒸馏的苯甲醛、5.5mL 乙酸酐，振荡使其混合均匀。三口烧瓶中间口接上球形冷凝管，侧口装一支 240℃ 温度计，其水银球插入反应混合物液面下但不要碰到瓶底。在石棉网上加热使其回流，反应液温度始终保持在 150～170℃，使反应进行 1 小时。

取下三口烧瓶，向其中加入 45mL 水，摇动烧瓶使固体溶解。然后进行水蒸气蒸馏。一边充分摇动烧瓶，一边慢慢加入饱和碳酸钠溶液(pH 8～9)，直到反应混合物呈弱碱性。然后进行水蒸气蒸馏，直到馏出液中无油珠为止。卸下水蒸气蒸馏装置，向三口烧瓶中加入活性炭，加热沸腾 2～3 分钟。然后趁热过滤，将滤液转移至干净的 200mL 烧杯中，慢慢用浓盐酸进行酸化至呈明显的酸性(pH 2～3)。然后进行冷却至肉桂酸充分结晶，之后进行抽滤。晶体用少量冷水洗涤后干燥。

【注意事项】

1. 无水醋酸钾的粉末可吸收空气中的水分，故每次称量完药品后，应立刻盖上盛放醋酸钾试剂的瓶盖，并放回原干燥器中，以防吸水。无水醋酸钾，必须是新焙炒的，其干燥程度对反应能否进行和产量的提高都有明显的影响。

2. 若用未蒸馏过的苯甲醛试剂代替新蒸馏过的苯甲醛进行实验，产物中可能会含有苯甲酸等杂质，而后者不易从最后的产物中分离出去。另外，反应体系的颜色也较深。

3. 加入热的蒸馏水后，体系分为两相，下层为水相，上层为油相，呈棕红色。加碳酸钠溶液的目的是中和反应中产生的副产品乙酸，使肉桂酸以盐的形式溶于水中。

4. 水蒸气蒸馏的目的是除去未反应的苯甲醛。油层消失后，体系呈匀相，为浅棕黄色。有时体系中会悬浮少许不溶于水的棕红色固体颗粒。

5. 加活性炭的目的是脱色。

6. 缩合操作的仪器及药品必须是干燥无水的，因乙酸酐遇水能水解成乙酸，而无水醋酸钾遇水失去催化作用，影响反应进行。

7. 久置的乙酸酐易潮解吸水成乙酸，故在实验前必须将乙酸酐重新蒸馏，否则会影响产率。

8. 久置的苯甲醛易自动氧化成苯甲酸，不但影响产率而且苯甲酸混在产物中不易除净，影响产物的纯度，故苯甲醛使用前必须蒸馏。

9. 加热回流，控制反应呈微沸状态，如果反应液剧烈沸腾易使反应物蒸气逸出影响产率。

10. 在反应温度下长时间加热，肉桂酸脱羧生成苯乙烯，进而生成苯乙烯聚合物。

11. 中和时必须使溶液呈弱碱性，不能用 NaOH 中和，否则会发生坎尼查罗反应，使生成的苯甲酸难于分离出去，影响产物的质量。

【思考题】

1. 加入饱和碳酸钠的目的是什么？

2. 用水蒸气蒸馏可除去什么？为什么能用水蒸气蒸馏法纯化产品？

实验七　己二酸的制备

【实验目的】

1. 学习用环己醇制取己二酸的原理和方法。

2. 掌握抽滤、洗涤、浓缩、重结晶、机械搅拌等基本操作。

【实验原理】

己二酸，常温下为白色晶体，熔点 152℃，沸点 337.5℃，主要用于合成纤维（尼龙 - 66，大约占己二酸总量的 70%）。制备己二酸最常用的方法是烯、醇、醛等的氧化法。常用的氧化剂有硝酸、重铬酸钾（钠）的硫酸溶液、高锰酸钾、过氧化氢及过氧乙酸等。但其中用硝酸为氧化剂反应非常剧烈，常伴有大量二氧化氮毒气放出，既危险又污染环境。本实验采用环己醇在双氧水的酸性条件发生氧化反应，然后酸化得到己二酸。本反应仪器装置简单，操作简易安全，无有害气体放出，实验时间变短，产率和产品纯度均较高。

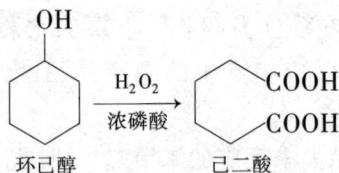

【实验仪器及试剂】

蒸馏装置。环己醇（分析纯）、浓磷酸、30% 双氧水。

【实验步骤】

1. 安装反应装置。在 250mL 三口烧瓶中加入 2.6mL（0.026mol）环己醇、0.57g 草酸、1.1mL 30%（0.091mol）H_2O_2。在恒压滴液漏斗中，加入 8mL（0.12mol）浓磷酸。

2. 通冷凝水并启动电动搅拌器，电热套加热并维持微沸状态，然后开始滴加浓磷酸，控制滴加速度，在 10 分钟内滴完，控制温度在 90℃。滴完后在微沸状态下保持 70 分钟。

3. 取下三口烧瓶，将瓶内液倒入 100mL 烧瓶中，冷却至室温后，调节溶液的 pH 为 2~3，加活性炭煮沸脱色。

4. 将滤液加热浓缩后，用冰水冷却析出己二酸，再用丙酮重结晶。产品为无色针晶，产率为 80.2%，熔点为 150~151℃。

【注意事项】

1. 制备己二酸采取的都是比较强烈的氧化条件，一般都是放热反应，应严格控制反应温度，否则不但倒影响产率，有时还会发生爆炸事故。

2. 环己醇常温下为黏稠液体，可加入适量水搅拌，便于用滴管滴加。

【思考题】

1. 制备己二酸的常用方法有哪些?
2. 为什么必须控制氧化反应的温度?

实验八　甲基橙的制备(半微量合成法)

【实验目的】

1. 了解重氮化和偶合反应的原理以及在合成中的应用。
2. 掌握重氮化和偶合反应的操作方法以及对反应条件的选择。

【实验原理】

甲基橙属于一种偶氮染料。合成偶氮染料包括两个过程。

1. 重氮化

芳香伯胺在强酸性介质中和亚硝酸钠作用，生成重氮盐，这一过程称为重氮化。重氮盐不稳定，温度高时容易分解，所以要求在 0~5℃条件下进行重氮化。

2. 偶合反应

氮盐与酚类或芳香胺发生偶联反应，这一过程称为偶合。反应速率受浓度和 pH 影响较大。重氮盐与芳香胺偶合时，在高的 pH 介质中，重氮盐易变成重氮酸盐;而在低 pH 介质中，游离芳香胺则容易转变为铵盐。所以胺的偶联反应，通常在中性或弱酸性介质(pH 4~7)中进行。

本实验是用对氨基苯磺酸在强酸性条件下与亚硝酸钠反应生成重氮盐，再与 N，N-二甲基苯胺发生偶联反应制备甲基橙。

反应式:

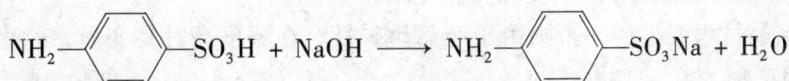

$$NH_2 \text{—} \text{—} SO_3Na \xrightarrow{\ NaNO_2 + HCl\ } \left[HO_3S \text{—} \text{—} N_2^+ \right] Cl^-$$

$$\xrightarrow[\ HOAc\ ]{\ \text{—N(CH_3)_2}\ } \left[HO_3S \text{—} \text{—} N{=}N \text{—} \text{—} NH(CH_3)_2 \right]^+ AcO^-$$

$$\xrightarrow{\ NaOH\ } NaO_3S \text{—} \text{—} N{=}N \text{—} \text{—} N(CH_3)_2$$

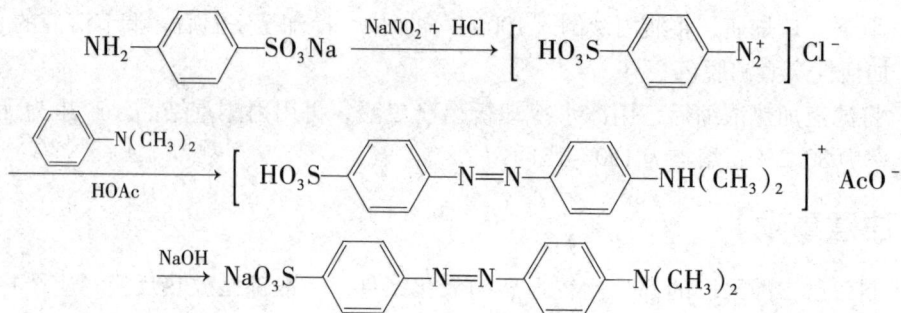

【实验仪器及试剂】

水浴装置。无水对氨基苯磺酸、N，N－二甲基苯胺、亚硝酸钠、浓盐酸、冰醋酸、5%氢氧化钠溶液、乙醇、乙醚。

【实验步骤】

1. 重氮盐的制备

在100mL烧杯中放置10mL 5%的氢氧化钠溶液及2.1g对氨基苯磺酸晶体，温热使其溶解。另溶0.8g亚硝酸钠于6mL水中，加入上述烧杯中，用冰水浴冷却至0~5℃。不断搅拌，将3mL浓盐酸与10mL水配成的溶液缓缓滴加到上述混合液中，并控制温度在5℃以下，滴加完后用淀粉碘化钾试纸检验。然后在冰水浴中放置15分钟以保证反应完全，此时有细小晶体析出。

2. 偶合

在50mL烧杯中加1.3mL N，N－二甲基苯胺和1mL冰醋酸，不断搅拌，将此溶液慢慢加到上述冷却的重氮盐溶液中。加完后，继续搅拌10分钟，慢慢加入25~35mL氢氧化钠溶液，直至反应物变为橙色。这时反应液呈碱性，粗制的甲基橙呈细粒状沉淀析出。将反应物在沸水浴上加热5分钟，冷却至室温后，在冰水浴中冷却，使甲基橙晶体析出完全。抽滤收集结晶，依次用冰水、乙醇、乙醚洗涤，压干，称重。

溶解少许甲基橙于水中，加入几滴稀盐酸，随后用稀氢氧化钠中和，观察颜色变化。

【注意事项】

1. 重氮盐多数不稳定，温度高时容易分解，因此控制温度很重要。本实验反应温度应维持在低于5℃，以防止重氮盐水解生成相应的酚。

2. 用淀粉碘化钾试纸检验时，若试纸显蓝色，则表明亚硝酸过量(析出的碘遇淀粉显蓝色)：

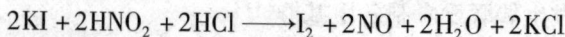

$$2KI + 2HNO_2 + 2HCl \longrightarrow I_2 + 2NO + 2H_2O + 2KCl$$

这时，应加少量尿素除去过多的亚硝酸。

3. 重结晶过程要迅速，否则由于产品呈碱性，在温度高时易变质，颜色变深，形成紫红色粗产物。

4. 湿的甲基橙在空气中受光的照射后，颜色很快变深，所以一般会得到紫红色粗产物。

5. 反应体系中有未作若用的 N，N – 二甲基苯胺醋酸盐，在加入氢氧化钠后，就会有难溶于水的 N，N – 二甲基苯胺析出，影响产物的纯度。

【思考题】

1. 制备重氮盐时（如制备氯化重氮苯），为什么要在强酸介质中进行，且酸要适当过量？

2. 重氮化反应为什么要在低温下进行？

3. 制备甲基橙时，在重氮化过程中 HNO_2 是否可以过量？如何检验其是否过量？又如何消除过量的 HNO_2？

实验九 阿司匹林的合成

【实验目的】

1. 掌握由酸酐作为酰基化试剂和醇反应制备酯的方法。
2. 巩固普通蒸馏、抽滤、重结晶等基本操作。

【实验原理】

制备乙酰水杨酸一般以水杨酸（邻羟基苯甲酸）和乙酸酐为原料，通过酯化反应进行。生产中所用的水杨酸可以由从植物冬青树中提取的冬青油（主要成分为水杨酸甲酯）水解得到。用这两种原料在制备乙酰水杨酸的同时，水杨酸分子之间也可以发生缩合反应，生成少量的聚合物。

反应式：

$$\text{（邻羟基苯甲酸，COOH, OH）} + (CH_3CO)_2O \xrightarrow{H^+} \text{（COOH, O-C-CH_3）} + CH_3COOH$$

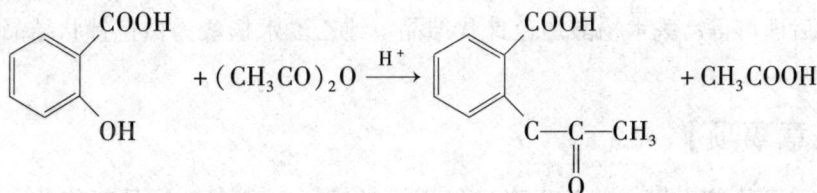

【实验仪器及试剂】

水浴装置、抽滤装置。水杨酸、乙酸酐、饱和碳酸氢钠溶液、1% $FeCl_3$ 溶液、乙酸乙酯、浓硫酸、浓盐酸。

【实验步骤】

1. 乙酸酐蒸馏

量取乙酸酐 30mL 加入 50mL 圆底烧瓶中进行普通蒸馏，收集 137～140℃ 的馏分备用。

2. 乙酰水杨酸制备

方法一：在 125mL 锥形瓶中加入 2g(0.014mol) 水杨酸、5.4g(5mL，0.05mol) 新蒸乙酸酐和 5 滴浓硫酸，旋摇锥形瓶使水杨酸全部溶解后，在水浴上加热 5~10 分钟(水浴温度 70~80℃)后进行冷却。冷却至室温，即有乙酰水杨酸结晶析出。然后加入 50mL 水，将混合物继续在冰水浴中冷却使结晶完全。抽滤，结晶用少量冷蒸馏水洗涤。抽干后将粗产物转移至表面皿上，自然晾干，产物约 1.8g。

方法二：在 50mL 圆底烧瓶中，加入 7.0g(0.050mol) 干燥的水杨酸和 10mL(0.100mol) 新蒸的乙酸酐，再加 10 滴浓硫酸，充分摇动至水杨酸全部溶解，水浴加热，保持瓶内温度在 70℃ 左右，维持 20 分钟，并时常摇动。稍冷后，不断搅拌，倒入 100mL 冷水中，用冷水浴冷却 15 分钟，抽滤，冰水洗涤，得到乙酰水杨酸粗品。

3. 乙酰水杨酸的精制与纯化

方法一：将粗产物转移至 100mL 烧杯中，搅拌下加入 25mL 饱和碳酸氢钠溶液，加完后继续搅拌几分钟，直至无二氧化碳气泡产生。然后过滤，用 5~10mL 水冲洗漏斗后，合并滤液，倒入预先盛有 4~5mL 浓盐酸和 10mL 水配成的溶液的烧杯中，搅拌均匀，即有乙酰水杨酸沉淀析出。将烧杯置于冰水浴中冷却，使结晶完全。抽滤，用冷蒸馏水洗涤 2~3 次。抽干后，将结晶移至表面皿上，干燥后约 1.5g。用显微熔点仪测定该粗产物的熔点为 133~135℃。取 0.1g 结晶加入盛有 5mL 水的试管中，加入 5mL 1% 三氯化铁溶液，观察有无颜色反应，确定是否需要进一步精制。若需精制，可将上述结晶溶于最少量的乙酸乙酯中(4~6mL)。溶解时应在水浴上小心加热，若有不溶物出现时，可用预热过的玻璃漏斗趁热过滤，将滤液冷却至室温时即有结晶析出。抽滤后即可得到纯产品。

方法二：将粗产品转移至 250mL 圆底烧瓶中，向烧瓶内加入 100mL 乙酸乙酯和 2 粒沸石，装好回流装置，加热回流。热溶解后趁热过滤，滤液冷却至室温即可析出结晶。将产物用少许乙酸乙酯洗涤后再用乙醇–水或苯–石油醚(60~90℃)重结晶，抽滤、干燥后即可得乙酰水杨酸白色针状结晶。纯乙酰水杨酸为白色针状结晶，熔点为 135~136℃。

【注意事项】

1. 仪器要全部干燥，药品也要进行干燥处理。乙酸酐必须是新蒸的，否则产率很低。

2. 水浴加热温度不宜过高，时间不宜过长，否则副产物可能增加。

3. 若不结晶，可用玻璃棒摩擦瓶壁或置于冰水中冷却。

4. 乙酰水杨酸受热后易分解，分解温度为 126~135℃，因此重结晶时不宜长时间加热。注意控制水温，产品应自然晾干。

【思考题】

1. 反应时加入浓硫酸的作用是什么?

2. 反应中有哪些副产物？如何除去？
3. 实验中加水的目的是什么？
4. 若要鉴别阿司匹林是否变质，可用什么方法？
5. 本实验能否用乙酸代替乙酸酐来进行反应？为什么？

第三节　天然有机化合物的提取

实验一　从茶叶中提取咖啡因

【实验目的】

1. 学会用索氏提取器连续提取植物成分的操作方法。
2. 掌握利用升华的方法对某些有机化合物进行精制的操作。

【实验原理】

咖啡因(或称咖啡碱)具有刺激心脏、兴奋大脑神经和利尿等作用，主要用作中枢神经兴奋药，也是复方阿司匹林等药物的组分之一。制药工业多用合成方法制得咖啡因。

咖啡因为嘌呤的衍生物，其结构如下图所示：

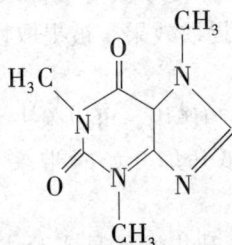

咖啡因是弱碱性化合物，易溶于氯仿(12.5%)、水(2%)、乙醇(2%)及热苯(5%)等溶剂中，微溶于乙醚。含结晶水的咖啡因为白色针状结晶，味苦，在100℃时失去结晶水开始升华，120℃时升华相当显著，178℃以上升华加快。无水咖啡因的熔点为238℃。

咖啡因是一种生物碱，可被生物碱试剂(如鞣酸、碘化钾试剂等)沉淀，也能被许多氧化剂(如双氧水等)氧化。

茶叶中含有多种生物碱，其中咖啡因含量为1~5%。从茶叶中提取咖啡因是用适当溶剂在索氏提取器中连续加热抽提，然后浓缩得到粗咖啡因(其中含有其他生物碱和杂质)，再利用咖啡因易升华的性质进行升华提纯。

【实验仪器及试剂】

索氏提取装置、升华装置。茶叶、无水乙醇、生石灰。

【实验步骤】

称取茶叶 10g，装入索氏提取器的滤纸筒内。在提取器的烧瓶中加入 80mL 无水乙醇。装好索氏提取器，接通冷凝水，加热，连续抽提 1～1.5 小时（提取液颜色很淡时即可停止抽取）。待冷凝液刚刚虹吸下去时，立即停止加热，冷却。

装好蒸馏装置，水浴加热蒸馏，回收大部分乙醇（沸点 78℃）。然后把残液倒入蒸发皿中，蒸馏瓶用很少量乙醇洗涤，洗涤液合并于蒸发皿中。向蒸发皿中加入 4g 生石灰，搅拌均匀。将蒸发皿移至石棉网上用酒精灯小火烘焙片刻（火焰不能太大，以防咖啡因升华），使水分全部除去，呈绿色粉末。冷却后，擦去黏在蒸发皿边缘的粉末，以免升华时污染产物。

取一合适的玻璃漏斗，罩在隔以有许多小孔的滤纸的蒸发皿上，在石棉网上继续小火加热，升华。当滤纸上出现白色针状结晶时，适当控制火焰（尽可能使升华速度放慢，提高结晶的纯度），如发现有棕色烟雾时，停止加热。冷却（约 5 分钟）后小心地揭开漏斗和滤纸，仔细把附在滤纸上及器皿周围的咖啡因晶体（白色、针状）用小刀刮入干燥、洁净、已称重的 50mL 烧杯中。残渣经拌和后，用较大火焰再继续加热升华 1 次（或 2 次）。合并各次升华收集的咖啡因结晶，称重，产量通常在 100mg 左右。咖啡因的熔点为 238℃。

【注意事项】

1. 滤纸筒既要紧贴器壁，又要方便取放。被提取物高度不能超过虹吸管，否则被提取物不能被溶剂充分浸泡，影响提取效果。被提取物亦不能漏出滤纸筒，以免堵塞虹吸管。

2. 生石灰（CaO）粉起吸水和中和作用，可以除去杂质。

3. 如留有水分，将会在下一步升华开始时带来一些烟雾，污染器皿，影响产品纯度。

4. 在萃取回流充分的情况下，升华操作是实验成败的关键。在升华过程中要严格控制加热温度，温度太高，会使被烘焙物炭化，将一些有色物带出，使产品不纯。进行再升华时，也要严格控制加热温度，否则被烘焙物大量冒烟，导致产物不纯或损失。

【思考题】

1. 用索氏提取器提取比普通加热回流提取有哪些优越性？
2. 升华操作时应注意哪些问题？

实验二　黄连中黄连素的提取

【实验目的】

1. 学习从中草药提取生物碱的原理和方法。

2. 学习减压蒸馏的操作技术。

3. 进一步掌握索氏提取器的使用方法，巩固减压过滤操作。

【实验原理】

黄连素（也称小檗碱），属于生物碱，是中草药黄连的主要有效成分。其中含量可达 4% ~ 10%。除黄连中含有黄连素以外，黄柏、白屈菜、伏牛花、三颗针等中草药中也含有黄连素。

黄连素有抗菌、消炎、止泻的功效，对急性菌痢、急性肠炎、百日咳、猩红热、急性化脓性感染和急性外眼炎症都有效。

黄连素是黄色针状体，微溶于水和乙醇，较易溶于热水和热乙醇中，几乎不溶于乙醚。黄连素的盐酸盐、氢碘酸盐、硫酸盐、硝酸盐均难溶于冷水，易溶于热水，故可用水对其进行重结晶，从而达到纯化的目的。

黄连素在自然界多以季铵碱的形式存在，结构如下：

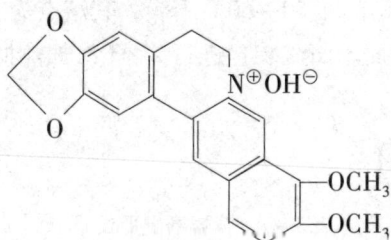

从黄连中提取黄连素，往往采用适当的溶剂（如乙醇、水、硫酸等），在脂肪提取器中连续抽提，然后浓缩，再加酸进行酸化，得到相应的盐。粗产品可以采取重结晶等方法进一步提纯。

黄连素被硝酸等氧化剂氧化，转变为樱红色的氧化黄连素。黄连素在强碱中可部分转化为醛式黄连素。在此条件下，再加几滴丙酮，即可发生缩合反应，生成丙酮与醛式黄连素缩合产物。

【实验仪器及试剂】

索氏提取装置、减压蒸馏装置、天平。95% 乙醇。

【实验步骤】

1. 称取 10g 中药黄连，切碎，磨烂，装入索氏提取器的滤纸筒内，烧瓶内加入 100mL 95% 乙醇，加热萃取 2 ~ 3 小时，至回流液颜色较淡为止。

2. 用水泵减压进行蒸馏，回收大部分乙醇，至瓶内残留液体呈棕红色糖浆状，即停止蒸馏。

3. 浓缩液中加入 1% 醋酸 30mL，加热溶解后趁热抽滤，去掉固体杂质。在滤液中滴加浓盐酸，至溶液浑浊为止（约需 10mL）。

4. 用冰水冷却上述溶液，降至室温后即有黄色针状黄连素盐酸盐析出，抽滤，所得结晶用冰水洗涤两次，可得到黄连素盐酸盐的粗产品。

5. 将粗产品(未干燥)放入 100mL 烧杯中，加入 30mL 水，加热至沸，搅拌使沸腾持续几分钟，趁热抽滤。滤液用盐酸调节 pH 为 2~3，室温下放置几小时，有较多橙黄色结晶析出后抽滤。滤渣用少量冷水洗涤两次，烘干即得到成品。

6. 产品检验

(1)取盐酸黄连素少许，加浓硫酸 2mL，溶解后加几滴浓硝酸，即呈樱红色溶液。

(2)取盐酸黄连素约 50mg，加蒸馏水 5mL，缓缓加热，溶解后加 20% 氢氧化钠溶液 2 滴，显橙色，冷却后过滤。滤液加丙酮 4 滴，即发生浑浊，放置后生成黄色的丙酮黄连素沉淀。

【注意事项】

1. 得到纯净的黄连素晶体比较困难，可以将黄连素盐酸盐加热至刚好溶解煮沸，用石灰乳调节 pH 为 8.5~9.8，冷却后滤去杂质，滤液继续冷却至室温以下，即有针状体的黄连素析出，抽滤，将结晶在 50~60℃ 干燥，其熔点为 145℃。

2. 脂肪提取器也可利用简单回流装置进行 2~3 次加热回流，每次约半小时，回流液体合并使用即可。

【实验数据和结果】

表 3-1 黄连素提取结果

品名	性状	产量	收率

【思考题】

1. 黄连素为何种生物碱类化合物？
2. 黄连素的紫外光谱有何特征？

实验三 从槐花米中提取芦丁

【实验目的】

1. 学习从天然产物中提取黄酮苷的原理和方法。
2. 学习重结晶提纯固体物质的原理和方法。
3. 掌握黄酮苷的纸色谱检验操作。

【实验原理】

芦丁又称芸香苷，广泛存在于植物中，其中槐花米中的含量达 12%~16%。芦丁有调节毛细血管壁渗透性的作用，临床用作毛细血管止血药，也作为高血压的辅助治疗药物。

芦丁是糖苷类化合物，常含 3 分子结晶水，呈淡黄色针状结晶，熔点为 174 ~ 178℃，无水物的熔点为 188℃。芦丁在冷水中的溶解度为 1∶10000，沸水中为 1∶200；冷乙醇中为 1∶650，沸乙醇中为 1∶60；易溶于碱性水溶液，难溶于酸性水溶液，几乎不溶于苯、乙醚、氯仿等。

本实验是利用芦丁易溶于碱性水溶液、酸化后又析出的性质进行提取，并利用它在冷水中和热水中溶解度相差较大的特性进行重结晶提纯。芦丁是糖苷类化合物，其糖苷键在酸性条件下可水解产生对应的苷元——槲皮素，所以芦丁的分离鉴定可用纸色谱进行，常用乙酸乙酯∶甲酸∶水(6∶1∶3)或正丁醇∶冰醋酸∶水(4∶1∶5)作展开剂。

【实验仪器及试剂】

抽滤装置。槐花米、石灰乳、浓盐酸、pH 试纸、95% 乙醇、展开剂(乙酸乙酯∶甲酸∶水 =6∶1∶3)、显色剂(质量分数 2% 三氯化铝)、饱和芦丁标准品乙醇溶液、饱和槲皮素标准品乙醇溶液。

【实验步骤】

取 10g 槐花米，置于 250mL 烧杯中，加入 100mL 水，煮沸，不断搅拌，缓缓加入石灰乳至 pH 为 8 ~ 9，在此 pH 下保持溶液微沸 20 ~ 30 分钟，趁热抽滤。残渣再加 50mL 水，同上法再煎一次，趁热抽滤。合并滤液，在 60 ~ 70℃下用浓 HCl 调 pH 至 4 ~ 5，使沉淀完全，抽滤。沉淀用少量蒸馏水洗涤，抽干，60℃干燥得到粗芦丁。

用水重结晶：将粗芦丁置于 500mL 烧杯中，加入适量蒸馏水，加热煮沸，趁热抽滤。滤液静置，充分冷却，析出芦丁晶体，抽滤，产品用蒸馏水洗涤，70 ~ 80℃烘干，称重，得到芦丁产品。

芦丁的纸色谱检验

样品：饱和芦丁自制品乙醇溶液。

对照品：饱和芦丁标准品乙醇溶液和饱和槲皮素标准品乙醇溶液。

支持剂：色谱滤纸(中速，20cm×7cm)。

展开剂：乙酸乙酯∶甲酸∶水(6∶1∶3)。

显色剂：质量分数 2% 三氯化铝喷雾。

【注意事项】

1. 精制芦丁产率较低，可能是因为趁热抽滤时溶液温度下降，芦丁析出后留在滤纸上；或部分芦丁未从槐花米中煮出；或芦丁转移过程中损失等。

2. 实验所需的槐花米粉碎太细，导致抽滤十分缓慢，因而常用纱布代替滤纸。

3. 纸色谱显色：饱和芦丁标准品乙醇溶液所有组都没有显色，可能是制备标准溶液时芦丁浓度太低；槲皮素显色正常，没有问题；样品饱和芦丁自制品乙醇溶液显色不明显，可能是精制芦丁中混有杂质。

【思考题】

1. 为什么可用碱法从槐花米中提取芦丁？
2. 怎样鉴别芦丁？

实验四　从红辣椒中提取红色素

【实验目的】

1. 通过从红辣椒中提取红色素，了解分离活性有机化合物的过程和基本操作。
2. 掌握薄层色谱板、色谱柱的制作及用以分离的技术。

【实验原理】

辣椒是茄科植物辣椒的果实。辣椒果实所含的辛辣成分为辣椒碱类物质，包括辣椒碱、二氢辣椒碱、降二氢辣椒碱、高辣椒碱、高二氢辣椒碱、壬酰香荚兰胺、辛酰香英兰胺、癸酰香英兰胺。辣椒红色素包括隐黄素、辣椒红素、辣椒玉红素、胡萝卜素，还含维生素 C、柠檬酸、酒石酸、苹果酸、蛋白质、矿物质等。辣椒红色素是一种存在于成熟红辣椒果实中的四萜类橙红色色素。其中极性较大的红色组分主要是辣椒红素和辣椒玉红素，占总量的 50%~60%；另一类是极性较小的黄色组分主要是 β 胡萝卜素和玉米黄质。红辣椒含有多种色泽鲜艳的天然色素，其中呈深红色的色素主要是由辣椒红素脂肪酸酯和少量辣椒玉红素脂肪酸酯组成；呈黄色的色素则是胡萝卜素。

辣椒红色素不仅色泽鲜艳、热稳定性好，而且耐光、耐热、耐酸碱、耐氧化、无毒副作用，是高品质的天然色素，广泛用于食品、化妆品、保健药品等行业。国内外辣椒红素的生产方法主要有油溶法、超临界萃取法和有机溶剂法三种。本实验是以二氯甲烷为萃取溶剂，从红辣椒中萃取出色素，经浓缩后用薄层层析法做初步分析；用柱层析法分离出红色素。

【实验仪器及试剂】

100mL 圆底烧瓶、球形冷凝管、布氏漏斗、漏斗、吸滤瓶、广口瓶、色谱柱、锥形瓶、玻璃棒、200mL 烧杯、100mL 烧杯、50mL 烧杯、毛细管、滴管、滤纸、硅胶薄层板、量筒、层析缸、恒温水浴锅、循环水多用真空泵、紫外 – 可见光检测器。二氯甲烷、硅胶 G(200~300 目)、沸石、石油醚、辣椒红素脂肪酸酯、辣椒玉红素、β 胡萝卜素。

【实验步骤】

1. 色素的萃取和浓缩

在 25mL 圆底烧瓶中，放入 1g 干燥并研碎的红辣椒和 2 粒沸石，加入 10mL 二氯甲烷，装上回流冷凝管，加热回流 20 分钟。待提取液冷却至室温，过滤，除去不溶物，蒸发滤液，收集色素混合物。

注意：蒸发操作应在通风橱中进行或水浴加热回收二氯甲烷。安装冷凝装置，在 70～80℃ 水浴中蒸馏浓缩，回收溶剂。当瓶内剩余少量液体时停止加热，将蒸馏残液转入表面皿于沸水浴上蒸发近干，最后得到红色物质，即为色素的混合物。

2. 薄层分析

以 200mL 广口瓶作薄板色谱槽、二氯甲烷作展开剂，取极少量色素粗品置于小烧杯中，滴入 2～3 滴二氯甲烷使之溶解，并在一块硅胶 G 薄板上点样，然后置入色谱槽进行色谱分离。计算各种色素的 R_f 值。

3. 柱层析分离

选用内径 1cm、长 15～20cm 的层析柱，检查柱旋塞是否完好，有无渗漏现象。将 55mL 左右的二氯甲烷与 20g 硅胶调成糊状，如不能调成糊状，可以多加二氯甲烷。硅胶和二氯甲烷的用量可以根据柱的大小灵活调整，通过大口径固体漏斗加入柱中，边加边轻轻敲击层析柱，使吸附剂装填致密，并保持层析柱中的固定相不干。

再打开活塞，待二氯甲烷溶液液面与硅胶上层的砂层平齐时，用滴管汲取混合色素的浓缩液（或蒸干的色素液用 0.5～1mL 二氯甲烷溶解），用一根较长的滴管将混合色素液加入柱顶。再打开旋塞，待色素溶液液面与硅胶上层的砂层平齐时，用一根较长的滴管缓缓注入少量洗脱剂二氯甲烷，然后小心冲洗内壁后，用二氯甲烷混合液淋洗。观测记录色素的分离情况，并用不同的接收瓶分别接收先流出柱子的色带。当色带完全流出后停止淋洗。将相同颜色组分的接收液合并。回收溶剂蒸发操作应在通风橱中进行或水浴加热回收二氯甲烷。安装冷凝装置，在 70～80℃ 水浴中蒸馏浓缩回收溶剂；也可以用旋转蒸发仪蒸发浓缩收集色素。通过紫外－可见检测器进行波谱分析。

【注意事项】

1. 本展开剂一般能获得良好的分离效果，如果样点分不开或严重拖尾可酌减点样量或稍增二氯甲烷比例。

2. 不可用同一支毛细管汲取不同的样液。

3. 回流速度不可过快，以防浸泡提取不充分。

4. 尽量将溶剂蒸干。

5. 回收溶剂的温度不宜过高，以防止溶剂暴沸。

【思考题】

1. 层析柱中有气泡会对分离带来什么影响？如何除去气泡？

2. 层析过程中有时会出现"拖尾"现象，一般是由什么原因造成的？对层析结果有何影响？如何回避？

3. 如果样品不带色，如何确定斑点的位置？举一两个例子说明。

4. 把收集的不同色素组分继续进行二次层析分离，会观测到什么样的分离现象？

实验五　水蒸气蒸馏法提取八角茴香精油

【实验目的】

1. 掌握挥发油的水蒸气蒸馏提取法。
2. 学习挥发油的一般检识及挥发油中固体成分的分离。

【实验原理】

水蒸气蒸馏是将水蒸气通入不溶于水的有机物中或使有机物与水经过共沸而蒸出的操作过程。水蒸气蒸馏是分离和纯化与水不相混溶的挥发性有机物常用的方法。当水和不(或难)溶于水的化合物一起存在时，整个体系的蒸气压力根据道尔顿分压定律为各组分蒸气压之和。即 $P = PA + PB$，其中 P 为总的蒸气压，PA 为水的蒸气压，PB 为不溶于水的化合物的蒸气压。当混合物中各组分的蒸气压总和等于外界大气压时，混合物即开始沸腾。所以混合物的沸点比其中任何一组分的沸点都要低。因此，常压下应用水蒸气蒸馏，能在低于 100℃ 的情况下将高沸点组分与水一起蒸出来。

1. 适用范围

(1)从大量树脂状杂质或不挥发性杂质中分离有机物。
(2)某些沸点高的有机化合物，在常压下蒸馏虽可与副产品分离，但易将其破坏。
(3)从固体多的反应混合物中分离被吸附的液体产物。

2. 被提纯物需具备以下条件

(1)不溶或难溶于水。
(2)共沸下与水不发生化学反应。
(3)在 100℃ 左右时，必须具有一定的蒸气压(666.5~1333Pa)。

本实验是利用水蒸气蒸馏法从八角茴香果实中提取八角茴香油。八角茴香油的主要成分为大茴香醚(占 85% 以上)、胡椒酚甲醚、黄樟醚、茴香醛、茴香酸等。

【实验仪器及试剂】

研钵、水蒸气发生装置、T 形管、三口烧瓶、直形冷凝管、接液管、锥形瓶、量筒、玻璃管。八角茴香粉末。

【实验步骤】

1. 精油的提取

取八角茴香 50g，研碎后装入 100mL 蒸馏烧瓶中，加入蒸馏水至蒸馏烧瓶容积的 1/2 处。连接水蒸气蒸馏装置，将蒸馏烧瓶固定在电炉上(需垫上石棉网)，按照从上到下、从左到右的顺序连接好整套蒸馏装置，并确保其稳固且不漏气。注意使入水口在下、出水口在上(在各接口处涂抹凡士林密封)。然后打开水龙头的阀门，控制水的流速为 2～3 滴/秒。打开电炉开关，先用低温进行预热，然后调节加热功率使温度计读数上升至 100℃，并保持该温度加热至馏出液约 200mL。蒸馏完毕后，关闭电炉开关，继续保持通水冷凝 5 分钟，使余温蒸馏出的气体继续得到冷凝，得到油水混合物。

2. 八角茴香油的分离与提纯

收集到的馏出液体为油水混合物，根据获得馏出液的体积，加入 NaCl 固体适量，使 NaCl 质量分数大致为 10%。由于 NaCl 固体溶于水层，较高浓度的 NaCl 溶液使水层加重而易与较轻的油层分离。但由于精油含量很少，分层现象不明显，因此只能用注射器小心地吸取上层的精油，将其转移到一干净离心管中，以减少精油的蒸发。用离心机离心 5 分钟后用注射器吸出油层。

【注意事项】

1. T 形管保持水平；安全管、水蒸气导入管必须插入液面以下，并接近底部。

2. 实验加热前，应先打开 T 形管支管的螺旋夹，待有水蒸气从支管处冲出后，关闭螺旋夹。实验结束时，首先打开螺旋夹，然后再停止加热，以免发生倒吸现象。

3. 在操作时，要随时注意安全管中的水柱是否发生不正常的上升现象、水蒸气发生器中的液体是否发生倒吸现象，以及蒸馏部分混合物溅飞是否严重。一旦发生这种现象，应立刻打开螺旋夹，移去热源，找出发生故障的原因。待故障排除后，方可继续蒸馏。

4. 水蒸气发生器中的水约占其容积的 3/4；三口烧瓶中的液体体积不超过其容积的 1/3。

5. 蒸馏过程中，如由于水蒸气冷凝而使瓶内液体增加，以至超过容器容积的 2/3，或者水蒸气蒸馏速度不快，则将三口烧瓶隔石棉网加热。

6. 蒸馏前，水蒸气蒸馏装置应经过检查，接口处必须严密、不漏气。

【思考题】

1. 从八角茴香中提取分离茴香脑的原理是什么？

2. 如果实际出油率低于理论出油率，可能的原因有哪些？

第四节　综合性、设计性实验

实验一　肥皂的制备

【实验目的】

1. 了解皂化反应原理及肥皂的制备方法。

2. 熟练掌握普通回流装置的安装与操作方法。

3. 熟悉盐析原理；熟练掌握沉淀的洗涤及减压过滤操作技术。

【实验原理】

动物脂肪的主要成分是高级脂肪酸甘油酯。将其与氢氧化钠溶液共热，就会发生碱性水解（皂化反应），生成高级脂肪酸钠（即肥皂）和甘油。在反应混合液中加入溶解度较大的无机盐，以降低水对有机酸盐（肥皂）的溶解作用，可使肥皂较为完全地从溶液中析出，这一过程叫作盐析。利用盐析的原理，可将肥皂和甘油较好地分离开。

肥皂是人们常用的去污剂，它的制造历史已有 2000 年之久。其特点是使用后可生物降解（微生物可将肥皂吃掉，转变成二氧化碳和水），不污染环境，但只适宜在软水中使用。在硬水中使用时，会生成脂肪酸钙盐，以凝乳状沉淀析出，而失去去污除垢的能力。

本实验中以猪油为原料制取肥皂。反应式如下：

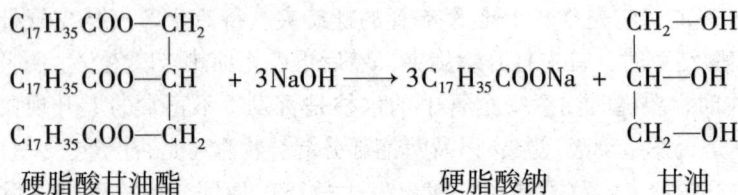

$$
\begin{array}{l}
C_{17}H_{35}COO-CH_2 \\
\quad\quad\quad\quad\; | \\
C_{17}H_{35}COO-CH \;\;+\; 3NaOH \longrightarrow 3C_{17}H_{35}COONa \;+\; \begin{array}{l} CH_2-OH \\ | \\ CH-OH \\ | \\ CH_2-OH \end{array} \\
\quad\quad\quad\quad\; | \\
C_{17}H_{35}COO-CH_2
\end{array}
$$

硬脂酸甘油酯　　　　　　　　　　　　硬脂酸钠　　　　甘油

【实验仪器及试剂】

圆底烧瓶（250mL）、球形冷凝管、减压过滤装置、电热套、烧杯（400mL）。乙醇（95%）、猪油、氢氧化钠溶液（40%）、饱和食盐水。

【实验步骤】

1. 皂化

在圆底烧瓶中加入 5g 猪油、15mL 乙醇和 15mL 氢氧化钠溶液。按图 1-5 安装普通蒸馏装置。用电热套加热，保持微沸 40 分钟。此间若烧瓶内产生大量泡沫，可从冷凝管上口滴加少量 1:1 的乙醇和氢氧化钠混合液，以防泡沫冲入冷凝管中。

2. 盐析分离

皂化反应结束后，趁热将反应混合液倒入盛有 150mL 饱和食盐水的烧杯中，静置冷却。将充分冷却后的皂化液倒入布氏漏斗中，减压过滤。用冷水洗涤沉淀两次，抽干。

3. 干燥称量

滤饼取出后，随意压制成型，自然晾干后，称量质量并计算产率。

【实验数据和结果】

表 3 – 2　数据及结果记录

| 品名 | M/(g/mol) | b. p. /℃ | ρ/(g/cm³) | 水溶性 | 使用规格 | 投料量 | | 理论产量 |
						质量/g(体积/mL)	mol	
猪油		–	–		–		–	–
乙醇							–	–
氢氧化钠溶液	–	–	–	–			–	–
氯化钠溶液	–	–	–	–			–	–
丙三醇					–	–	–	–
肥皂					–	–	–	

【注意事项】

1. 加入乙醇是为了使猪油、碱液和乙醇互溶，成为均相溶液，便于反应进行。

2. 可用长玻璃管从冷凝管上口插入烧瓶中，蘸取几滴反应液，放入盛有少量热水的试管中，振荡观察，若无油珠出现，说明已皂化完全。否则，需补加碱液，继续加热皂化。

3. 肥皂和甘油一起在碱水中形成胶体，不便分离。加入饱和食盐水可破坏胶体，使肥皂凝聚并从混合液中离析出来。

4. 冷水洗涤主要是洗去吸附于肥皂表面的乙醇和碱液。

5. 猪油的化学式可表示为(C₁₇H₃₅COO)₃C₃H₅。计算产率时，可算出其摩尔质量。

6. 实验中应使用新炼制的猪油。因为长期放置的猪油会部分变质，生成醛、羧酸等物质，影响皂化效果。

7. 皂化反应过程中，应始终保持小火加热，以防温度过高，泡沫溢出。

8. 皂化液和准备添加的混合液中乙醇含量较高，易燃烧，应注意防火。

【思考题】

1. 肥皂是依据什么原理制备的？除猪油外，还有哪些物质可以用来制备肥皂？

2. 皂化反应后，为什么要进行盐析分离？

3. 本实验中为什么要采用回流装置？

4. 废液中含有副产物甘油，试设计其回收方法。

实验二　绿茶中茶多糖的提取和含量测定

【实验目的】

1. 了解生物活性物质提取和其中含量的测定方法。

2. 掌握一些特殊分离方法的基本原理和实验操作。

【实验原理】

茶多糖是一种含多羟基的高分子化合物，水提取后，可采用乙醇沉淀和膜截留的方法将茶多糖从提取液中分离出来。

多糖的测定采用苯酚－硫酸法，利用多糖在硫酸的作用下先水解成单糖，并迅速脱水生成糖醛衍生物，然后与苯酚生成橙黄色化合物。再以比色法测定。

【实验仪器及试剂】

Millipore 超滤器、UV2000 紫外可见分光光度计、Alpha－Ⅰ－5 真空冷冻干燥机、多功能粉碎机、集热式磁力搅拌器。绿茶、硫酸、乙醇、氯化钠、溴化十六烷基三甲基铵（CTMAB）、苯酚（5%水溶液）、葡萄糖溶液（30.00 μg/mL）、EC（表儿茶素）标准储备液（10mg/mL）、盐酸联苯胺（1%的水溶液）、亚硝酸钠（0.5%的水溶液）。

【实验步骤】

1. 茶多糖的提取

分别用分析天平准确称取适量绿茶茶末若干份。茶末分别于85℃的水中恒温加热1小时，冷却至室温，过滤，在清液中加入3倍于其体积的无水乙醇，醇析3小时后将所得的沉淀用无水乙醇洗涤数次，抽滤，干燥即得粗茶多糖。将茶末分别置于最佳温度下的不同质量分数（浓度3%）的盐酸溶液或碳酸钠溶液、氢氧化钠溶液中，按前述方法提取茶多糖。

用超滤法和CTMAB沉淀可分别制备茶多糖粗提物，其提取步骤为：绿茶→（85℃温水 30 分钟）水提液→（真空浓缩或超滤）浓缩液或截留液（截留分子量10000）→乙醇沉淀或 CTMAB）沉淀物→冷冻干燥（或用水溶解或用 NaCl 溶液溶解，用乙醇沉淀一次后再冷冻干燥）→茶多糖提取物。

2. 多糖测定

（1）溶液配制

1）5%苯酚溶液：取 12.5g 苯酚，置于250mL 容量瓶中，用水稀释至刻度，摇匀，避光，冷藏。

2）葡萄糖溶液：准确称取105℃干燥恒重的葡萄糖0.1000g，置于100mL 容量瓶中，用水稀释至刻度，摇匀，配成 1.000mg/L 的标准溶液。用时配成 30.00 μg/mL 的工作溶液。

（2）多糖测定：准确吸取 30.00 μg/mL 的标准溶液1mL，加入 5%苯酚溶液 1.6mL、浓硫酸7mL，室温放置 10 分钟，然后置100℃恒温水浴加热 15 分钟，取出后立即放入冷水中冷却 15 分钟。以 1mL 水、1.6mL 5%苯酚溶液、7mL 浓硫酸混合液做空白对照，在 490nm 处测定吸收值。

样品中的多糖的测定方法同上。

3. 茶多酚的测定

（1）溶液配制

1）EC（表儿茶素）标准储备液：准确称取经干燥恒重的 EC 标准品 1.0000g 于 100mL 容量瓶中，加蒸馏水配成浓度为 $10mg \cdot mL^{-1}$ 的标准液。

2）重氮化 – 偶合反应试剂的配制：盐酸联苯胺配制成 1% 的水溶液，亚硝酸钠配成 0.5% 的水溶液，盐酸配成 17.5% 的水溶液。

（2）茶多酚测定：先将 1% 盐酸联苯胺 0.5mL、17.5% 盐酸 3.0mL 和 0.5% 亚硝酸钠 5.0mL 反应生成重氮盐，再与 1% 茶多酚 0.1mL 进行偶合反应，得到化合物在 400nm 处测定吸收值。

【注意事项】

1. 不同方法提取物的组成和组分含量不同，因此在选择提取方法时，要注意提取物的用途和选用的分析方法。

2. 重氮化 – 偶合反应时，一定要控制在适当的温度范围内，以保证反应顺利进行和减少副产物。

【思考题】

1. 茶多糖提取采用水或极性有机溶剂各有什么利弊？对一种生物活性物质的提取应该注意哪些问题？

2. 本法中茶多酚测定的原理是什么？你认为有无其他简单的方法？

实验三　壳聚糖的制备、降解及应用

【实验目的】

1. 了解壳聚糖的性质；掌握从虾壳中制备壳聚糖的方法。

2. 掌握壳聚糖的降解方法；了解壳聚糖的一些性能测定方法。

3. 了解壳聚糖复合胶囊的制备及作为药物载体的应用。

【实验原理】

虾壳主要成分为甲壳素、蛋白质、碳酸盐。由虾壳制备甲壳素就是从虾壳中去除蛋白质、脂肪、无机碳酸盐。"一步法"制备壳聚糖的原理就是利用酸除去碳酸盐，而甲壳素在强碱水溶液中 N – 乙酰基会被脱去得到壳聚糖碱。

双氧水是二元弱酸，属于一种氧化能力很强的氧化剂。在一定条件下，双氧水可生成羟自由基和超氧化离子自由基。这两种自由基都有很强的氧化能力，可夺取壳聚糖主链 $\beta - 1,4$ 糖苷键的 1 位和 4 位上的 H 原子，然后 C – O – C 键发生断裂而使壳聚糖分子量降低。此方法降解产物的得率高。

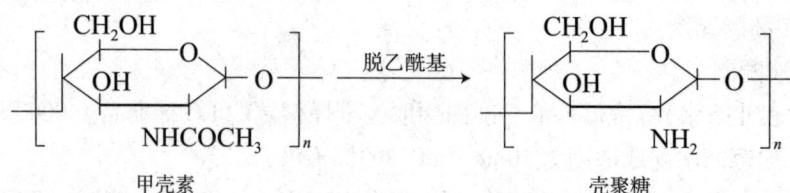

海藻酸钠和壳聚糖都是天然多糖，具有生物相容和生物降解的特点。海藻酸钠与多价阳离子接触时（如钙离子），具有瞬时凝胶化特性，因此可以在温和条件下实现对蛋白药物的包埋。这一简单的制备过程避免了高温、有机溶剂及其他有害的条件，有助于保持蛋白质的生物活性。壳聚糖具有独特的阳离子特性，可以与海藻酸钠（聚阴离子）通过静电相互作用，在海藻酸钠微囊表面复合一层聚电解质半透膜，从而提高微囊的稳定性和载药量，并可调节药物释放速度。此外，壳聚糖还较常用的聚赖氨酸更安全。

【实验仪器及试剂】

乌氏黏度计、集热式恒温加热磁力搅拌器、电热恒温水浴箱、电热恒温干燥箱、pHS-3C 酸度计、离心机。鲜虾壳、盐酸、氢氧化钠、冰醋酸、氯乙酸、无水乙醇、30% 双氧水、高锰酸钾、草酸、过氧化氢、铬黑 T 指示剂、甲基橙、淀粉碘化钾试纸、氨-氯化铵缓冲溶液、PBS（pH 7.4）缓冲液、牛血清白蛋白（BSA）（FractionV，Mw = 66000）、海藻酸钠[低黏度（25℃，2% 溶液黏度 0.2N·s/m²）]、司盘 80、植物油。

【实验步骤】

1. "一步法"制备壳聚糖

虾壳经水洗、粉碎（粒度 0.5～2cm）后，在室温下用 10% 新盐酸浸泡 4 小时除钙（得一次废盐酸），过滤并水洗至中性。然后利用氢氧化钠溶液（浓度为 20%），在 100℃下碱煮 30 分钟以脱去蛋白质。最后在 140℃下直接用 55% 氢氧化钠溶液脱乙酰 4 小时，过滤，水洗至中性，干燥制得壳聚糖样品。

2. 一般实验方法

（1）甲壳素的制备：先将鲜虾壳洗净，烘干，粉碎到 20～30 目，备用。取 100g 净虾壳粉在 500mL 烧杯中用 3% HCl 溶液 300mL 室温下浸泡 12 小时，软化水洗至中性。再用 3% NaOH 溶液 100mL 在 80℃下搅拌反应 3 小时，洗去蛋白质和脂肪。再进行浸酸、水洗、碱反应、水洗重复 3 次，固体物用清水洗到中性后用 20% 的高锰酸钾溶液浸泡 1 小时，水洗后用 2% 草酸还原，最后水洗至中性干燥得产品 8.3g。

（2）壳聚糖制备：取 20g 甲壳素，用 40% NaOH 溶液 50mL 于 60℃浸泡 8 小时。用热水洗涤后，再用碱液处理一次，热水洗至中性，60℃干燥得 15.7g、脱乙酰度为 83% 的壳聚糖。

3. 壳聚糖的降解

常温下称取 1.0g 壳聚糖，搅拌溶于 0.2mol/L 的乙酸溶液中，壳聚糖的含量为 2%，待壳聚糖完全溶解呈均相状态后，置于设定温度的恒温（50℃）振荡水浴锅中。在控制反应温度下，pH 为 5.5 时，加入 w = 0.02 的过氧化氢（8.2mL），慢速均匀搅拌。反应 12 小时后，所得的样品用二次水浸洗直至双氧水洗净（用淀粉碘化钾试纸不变色为止），抽滤，室温干燥后即可得到不溶于水的低分子量壳聚糖。将壳聚糖和经双氧水降解的壳聚糖在室温下干燥，然后将其与碘化钾一起碾成粉末并压片，进行红外光谱测定。

4. 壳聚糖－海藻酸钠微囊的制备

一定浓度的 2.5mL 海藻酸钠（5%）和 BSA 水溶液（药物与海藻酸钠的重量比值为 0.2）乳化于 50mL 植物油（另加入 1% 司盘 80），转速 800r/min。10 分钟后，加入 50mL 含有浓度为 0.5% 壳聚糖的水溶液（含 3% $CaCl_2$），调 pH 至 6.0，30 分钟后，离心分离，蒸馏水洗，后用丙酮洗两次，真空干燥。

5. 蛋白质包埋率的测定

由于在制备过程中直接测定蛋白质在水相的含量较困难，所以用下面的方法测定包埋率：约 20mg 干燥微囊置于 5mL 生理盐水中，待充分溶胀后加至 5mL 0.2mol/L PBS（pH 7.4）缓冲液中。12 小时后，剧烈搅拌 30 分钟使微囊破裂，滤去不溶物。BSA 的含量由 Lowry-Folin 法测定。

6. 体外释放实验

将约 50mg 干燥壳聚糖－海藻酸微囊置于 10mL 生理盐水（含 0.01% 叠氮化钠）中，每隔一定时间取 7mL 溶液，用 Lowry-Folin 法测定蛋白质含量。同时加入等量新鲜释放液，保持恒定体积。所有实验重复 3 次，取平均值。

【注意事项】

1. 在用过氧化氢降解壳聚糖时，温度的影响最大，要注意温度的控制。
2. 测定蛋白质包封率时，滤去不溶物时要适当洗涤，同时要保证滤液的清亮。

【思考题】

1. 在用过氧化氢降解壳聚糖时，若温度过高会产生什么影响？
2. 为什么在用过氧化氢降解壳聚糖时，随着反应时间的延长和反应温度的提高，产物色泽逐渐加深？

实验四 植物生长调节剂 2,4-二氯苯氧乙酸的制备

【实验目的】

1. 了解 2,4-二氯苯氧乙酸的制备方法。
2. 熟悉机械搅拌、分液漏斗的使用、重结晶、蒸馏等操作。

【实验原理】

本实验遵循先缩合后氯化的合成路线，采用浓盐酸加过氧化氢和次氯酸钠在酸性介

质中的分步氯化来制备 2，4 - 二氯苯氧乙酸。

其反应式如下：

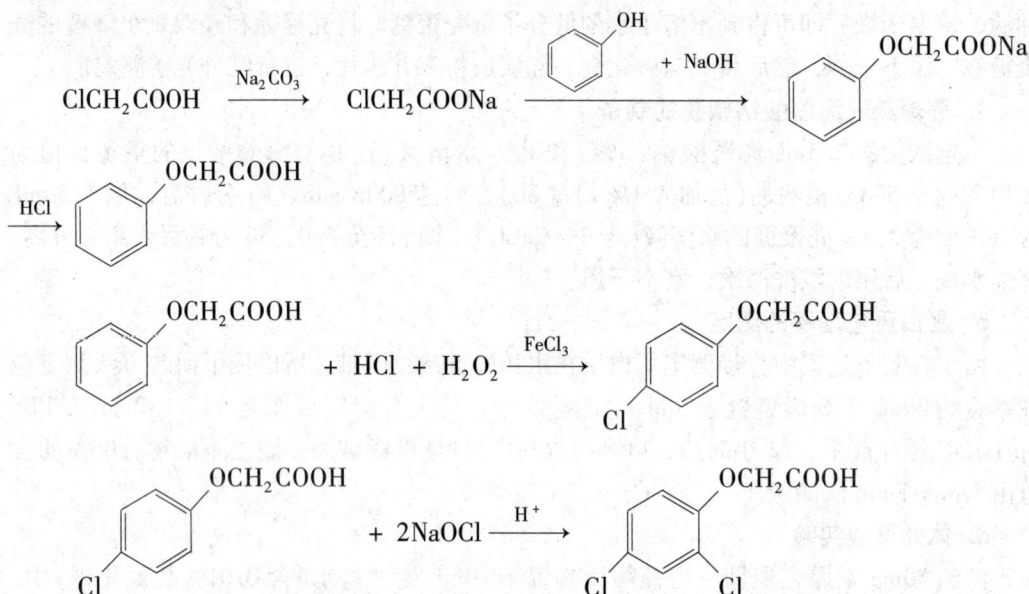

第一步，制备酚醚。这是一个亲核取代反应，在碱性条件下易于进行。

第二步，苯环上的亲电取代，$FeCl_3$ 作催化剂，氯化剂是 Cl^+，引入第一个 Cl。

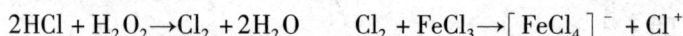

$$2HCl + H_2O_2 \rightarrow Cl_2 + 2H_2O \qquad Cl_2 + FeCl_3 \rightarrow [FeCl_4]^- + Cl^+$$

第三步，苯环上的亲电取代，从 HOCl 产生的 H_2O^+Cl 和 Cl_2O 作氯化剂，引入第二个 Cl。

$$HOCl + H^+ \rightleftharpoons H_2O + Cl \qquad HOCl \rightleftharpoons Cl_2O + H_2O$$

【实验步骤】

1. 苯氧乙酸的制备

（1）成盐：向 0.8g 氯乙酸和 1.0mL 水的混合液中慢慢滴加 2mL 饱和 Na_2CO_3 溶液，调 pH 到 7～8，使氯乙酸转变为氯乙酸钠。

（2）取代：在搅拌下向上述氯乙酸钠溶液中加入 0.5g 苯酚，用 35% NaOH 溶液调 pH 到 12，并在沸水浴上加热 20 分钟，期间保持 pH 为 12。

（3）酸化沉淀：向上述的反应液中滴加浓 HCl，调 pH 至 3～4，此时苯氧乙酸结晶析出。经过过滤、洗涤、干燥即得苯氧乙酸粗品。

2. 对氯苯氧乙酸的制备

3g 苯氧乙酸粗品和 10mL 冰醋酸的混合液在水浴上加热到 55℃，搅拌下加入 20mg $FeCl_3$ 和 10mL HCl。在浴温升至 60～70℃时，在 3 分钟内滴加 3mL 33% H_2O_2 溶液。滴完后，保温 15 分钟，有部分固体析出。升温重新溶解固体，并经过冷却、结晶、过滤、洗涤、重结晶等操作即得到精品氯苯氧乙酸。

3.2,4-二氯苯氧乙酸(2,4-D)的制备

(1)氯化：在100mL锥形瓶中，加入1g对氯苯氧乙酸和12mL冰醋酸，搅拌使固体溶解。将锥形瓶在冰浴中冷却。在摇动的状态下分批滴加19mL 5%NaOCl溶液，然后取出，并在室温下反应5分钟。此时反应液颜色变深。

(2)分离：向锥形瓶中加入50mL水，用6mol/L HCl酸化至刚果红试纸变蓝，接着每次用25mL乙醚萃取2次。合并醚萃取液，在分液漏斗中用15mL水洗涤后，再用15mL 10%NaCO₃溶液萃取产物。

(3)上述碱性萃取液，加25mL水后，用浓HCl酸化至刚果红试纸变蓝，此时析出2,4-二氯苯氧乙酸。经过冷却、过滤、洗涤、重结晶、干燥等操作即得精品2,4-二氯苯氧乙酸。

【实验数据和结果】

2,4-二氯苯氧乙酸为白色粉末。以苯酚的量来计算2,4-二氯苯氧乙酸的量，其理论产量为：$0.0053 \times 221 = 1.17g$。

【注意事项】

1. 先用饱和碳酸钠溶液将氯乙酸转变为氯乙酸钠，以防氯乙酸水解。因此，滴加碱液的速度宜慢。

2. HCl勿过量，滴加H_2O_2宜慢，严格控温，让生成的Cl_2充分参与亲核取代反应。Cl_2有刺激性，特别是对眼睛、呼吸道和肺。应注意操作勿使其逸出，并注意开窗通风。

3. 开始加浓HCl时，$FeCl_3$水解会有$Fe(OH)_3$沉淀生成，继续加浓HCl又会溶解。

4. 严格控制温度、pH和试剂用量是2,4-D制备实验的关键；NaOCl用量勿多；反应保持在室温以下。

【思考题】

1. 从亲核取代反应、亲电取代反应和产品分离纯化的要求等方面说明本实验中各步反应调节pH的目的和作用。

2. 以苯氧乙酸为原料，如何制备对溴苯氧乙酸？为何不能用本法制备对碘苯氧乙酸？

实验五 生物柴油的制备

【实验目的】

1. 了解绿色能源的概念。
2. 掌握生物柴油的制备方法。

【实验原理】

生物柴油作为可再生生物质新能源，已经在世界范围内引起了广泛的关注。众所周知，普通柴油是从石油中提炼的，而"生物柴油"则可从动物、植物的脂肪中提取。

化学方法制备生物柴油，与物理方法不改变油脂组成和性质不同。化学法生物柴油制备技术就是将动植物油脂进行化学转化，改变其分子结构，使主要组成为脂肪酸甘油酯的油脂转化成为相对分子质量仅为其1/3的脂肪酸低碳烷基酯，使其从根本上改变流动性和黏度，适合用作柴油内燃机的燃料。酯化和酯交换是生物柴油的主要生产方法，即用含或不含游离脂肪酸的动植物油脂和甲醇等低碳一元醇进行酯化或转酯化反应，生成相应的脂肪酸低碳烷基酯，再经分离甘油、水洗、干燥等适当后处理即得到生物柴油。通过化学转化得到的脂肪酸低碳烷基酯具有与石化柴油几乎相同的流动性和黏度范围，同时具有与石化柴油的完全混溶性，是一种良好的柴油内燃机动力燃料。化学法生产的生物柴油完全改变了物理法生物柴油的物性状况，成为完全均匀的液态产品，黏度大幅降低，能与石化柴油以任意比例混溶形成单一均相体系，因此使用就方便多了。

过多的酸和甘油存在，会影响最终生物柴油的质量。所以，在制备生物柴油的时候，一定要先滴定菜油中脂肪酸的含量，并且要把产品中的甘油尽量分离开。通常酸的质量分数不超过15%，如果菜油中脂肪酸的含量小于0.5%就可以直接进行碱催化的酯交换反应；如果大于0.5%，就需要先进行酸的酯化反应(图3-3)。我们可以简单地以油酸作为标准估算出酸的质量分数。通常在合格的生物柴油产品中，所含各种形式甘油(游离和非游离)的质量分数要小于0.25%，游离的甘油质量分数要小于0.02%。

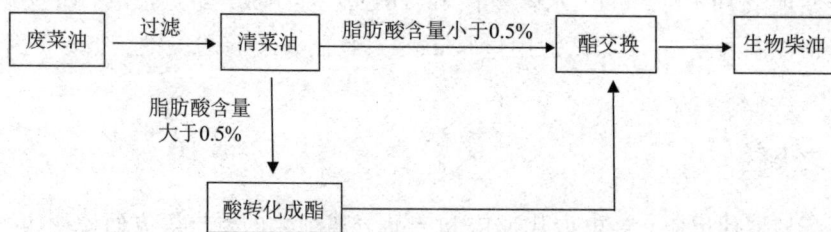

图3-3 废菜油制备生物柴油的流程示意图

【实验仪器及试剂】

磁力加热搅拌器、锥形瓶、量筒、烧杯、圆底烧瓶、回流冷凝管、分液漏斗、碱式滴定管、酸式滴定管。废菜油、氢氧化钠(AR)、甲醇(AR)、异丙醇(AR)、高碘酸(AR)、淀粉、硫代硫酸钠(AR)。

【实验步骤】

1. 过滤

如果是收集来的废菜油，需要用漏斗进行过滤，去除悬浮杂质。

2. 滴定

在 250mL 锥形瓶中加入 35.0g 菜油，加入 75mL 异丙醇和酚酞指示剂，用 0.1mol/L KOH 标准溶液滴定。滴定两次，计算菜油中含有的自由脂肪酸的含量。

3. 酯交换制备生物柴油

称取粉碎的 NaOH 固体粉末 0.35～0.40g，加入装有 30mL 甲醇的圆底烧瓶中，放入磁子，搅拌 5～10 分钟，直至 NaOH 全部溶解在甲醇中。加入 35g 菜油，装上冷凝管，控制温度在 35～50℃（水浴），搅拌 30 分钟。在反应过程中，不断检查菜油是否和甲醇溶液混合均匀。反应结束后，冷却，将反应液转入分液漏斗中，静置，分液取上层溶液。

4. 制备的生物柴油中自由甘油和总甘油含量的测定

（1）自由甘油含量的测定：称取 2.0g 制备得到的生物柴油于 100mL 烧杯中，加入 9mL 二氯甲烷和 50mL 水，充分搅拌，转移入分液漏斗中静置，分离出所有水层溶液至 250mL 锥形瓶中，再加入 25mL 高碘酸，充分摇匀，盖上瓶塞，避光静置 30 分钟。加入 10mL KI 溶液，稀释样品至 125mL，用标准 $Na_2S_2O_3$ 溶液滴定，当橘红色快要褪去时，加入 2mL 淀粉指示剂继续滴定，直至蓝色消失。重复试验两次。

（2）空白试验：取 50mL 水至 250mL 锥形瓶中，再加入 25mL 高碘酸，充分摇匀，加入 10mL KI 溶液，稀释样品至 125mL，用标准 $Na_2S_2O_3$ 溶液滴定，当橘红色快要褪去时，加入 2mL 淀粉指示剂继续滴定，直至蓝色消失。重复试验两次。

（3）总甘油含量的测定：在 50mL 圆底烧瓶中，加入 5.0g 制备所得的生物柴油和 15mL 95% 乙醇配制的 0.7mol/L KOH 溶液，回流 30 分钟，冷却。用 5mL 蒸馏水洗涤冷凝管内壁，收集洗涤液到反应液中。向反应液中加入 9mL 二氯甲烷和 2.5mL 冰醋酸，将全部溶液转移入分液漏斗中，加入 50mL 蒸馏水，充分震荡，静置，分离出所有水层溶液，再加入 25mL 高碘酸，充分摇匀，盖上瓶塞，静置 30 分钟。加入 10mL KI 溶液，稀释样品至 125mL，用标准 $Na_2S_2O_3$ 溶液滴定，当橘红色快要褪去时，加入 2mL 淀粉指示剂继续滴定，直至蓝色消失。重复试验两次。

【实验数据和结果】

1. 自由脂肪酸含量 $= \dfrac{C \times V \times M}{m}$

公式中：C——KOH 标准溶液的浓度；

V——消耗的 KOH 标准溶液的体积；

M——油酸的摩尔质量（282.47g/mol）；

m——加入的菜油的质量。

2. 生物柴油的产率 $= \dfrac{得到的产品质量}{加入菜油的质量} \times 100\%$

3. 游离甘油、总甘油的质量分数

$$甘油（\%） = \dfrac{(V_0 - V) \times c \times M}{W \times 4 \times 1000}$$

公式中：V_0——空白试验消耗 $Na_2S_2O_3$ 体积(mL)；

V——试样消耗 $Na_2S_2O_3$ 体积(mL)；

c——$Na_2S_2O_3$ 标准浓度(mol/L)；

M——甘油摩尔质量(92.09g/mol)；

W——取样量。

表 3-4　实验结果记录

实验	自由甘油含量的测定		总甘油含量的测定	
空白 V_0/mL				
V/mL				
取样量 W/g				
甘油质量分数%				

【思考题】

酯交换法除了碱催化，还有酸催化、生物酶催化和超临界酯交换法等，请比较它们的优缺点？

附　　录

附录1　无机及分析化学实验中常用参数

一、常用无机酸在水溶液中的电离常数（25℃）

序号	名称	化学式	K_a	pK_a
1	偏铝酸	$HAlO_2$	6.3×10^{-13}	12.20
2	亚砷酸	H_3AsO_3	6.0×10^{-10}	9.22
3	砷酸	H_3AsO_4	$6.3 \times 10^{-3}(K_{a1})$	2.20
			$1.05 \times 10^{-7}(K_{a2})$	6.98
			$3.2 \times 10^{-12}(K_{a3})$	11.50
4	硼酸	H_3BO_3	$5.8 \times 10^{-10}(K_{a1})$	9.24
			$1.8 \times 10^{-13}(K_{a2})$	12.74
			$1.6 \times 10^{-14}(K_{a3})$	13.80
5	次溴酸	$HBrO$	2.4×10^{-9}	8.62
6	氢氰酸	HCN	6.2×10^{-10}	9.21
7	碳酸	H_2CO_3	$4.2 \times 10^{-7}(K_{a1})$	6.38
			$5.6 \times 10^{-11}(K_{a2})$	10.25
8	次氯酸	$HClO$	3.2×10^{-8}	7.50
9	氢氟酸	HF	6.61×10^{-4}	3.18
10	硫代硫酸	$H_2S_2O_3$	$2.52 \times 10^{-1}(K_{a1})$	0.60
			$1.9 \times 10^{-2}(K_{a2})$	1.72
11	高碘酸	HIO_4	2.8×10^{-2}	1.56
12	亚硝酸	HNO_2	5.1×10^{-4}	3.29
13	次磷酸	H_3PO_2	5.9×10^{-2}	1.23
14	亚磷酸	H_3PO_3	$5.0 \times 10^{-2}(K_{a1})$	1.30
			$2.5 \times 10^{-7}(K_{a2})$	6.60

序号	名称	化学式	K_a	pK_a
15	磷酸	H_3PO_4	$7.52 \times 10^{-3}(K_{a1})$	2.12
			$6.31 \times 10^{-8}(K_{a2})$	7.20
			$4.4 \times 10^{-13}(K_{a3})$	12.36
16	焦磷酸	$H_4P_2O_7$	$3.0 \times 10^{-2}(K_{a1})$	1.52
			$4.4 \times 10^{-3}(K_{a2})$	2.36
			$2.5 \times 10^{-7}(K_{a3})$	6.60
			$5.6 \times 10^{-10}(K_{a4})$	9.25
17	氢硫酸	H_2S	$1.3 \times 10^{-7}(K_{a1})$	6.88
			$7.1 \times 10^{-15}(K_{a2})$	14.15
18	亚硫酸	H_2SO_3	$1.23 \times 10^{-2}(K_{a1})$	1.91
			$6.6 \times 10^{-8}(K_{a2})$	7.18
19	硫酸	H_2SO_4	$1.0 \times 10^3(K_{a1})$	-3.0
			$1.02 \times 10^{-2}(K_{a2})$	1.99

二、常用无机碱在水溶液中的电离常数(25℃)

序号	名称	化学式	K_b	pK_b
1	氢氧化铝	$Al(OH)_3$	$1.38 \times 10^{-9}(K_{b3})$	8.86
2	氢氧化银	$AgOH$	1.10×10^{-4}	3.96
3	氢氧化钙	$Ca(OH)_2$	3.72×10^{-3}	2.43
			3.98×10^{-2}	1.40
4	氨水	$NH_3 \cdot H_2O$	1.78×10^{-5}	4.75
5	肼(联氨)	$N_2H_4 \cdot H_2O$	$9.55 \times 10^{-7}(K_{b1})$	6.02
			$1.26 \times 10^{-15}(K_{b2})$	14.9
6	羟氨	$NH_2OH \cdot H_2O$	9.12×10^{-9}	8.04
7	氢氧化铅	$Pb(OH)_2$	$9.55 \times 10^{-4}(K_{b1})$	3.02
			$3.0 \times 10^{-8}(K_{b2})$	7.52
8	氢氧化锌	$Zn(OH)_2$	9.55×10^{-4}	3.02

三、常用难溶化合物的溶度积常数(25℃)

序号	分子式	K_{sp}	pK_{sp}	序号	分子式	K_{sp}	pK_{sp}
1	$AgBr$	5.0×10^{-13}	12.3	37	$Cu(OH)_2$	4.8×10^{-20}	19.32
2	$AgCl$	1.8×10^{-10}	9.75	38	Cu_2S	2.5×10^{-48}	Cu_2S
3	$AgCN$	1.2×10^{-16}	15.92	39	CuS	6.3×10^{-36}	CuS
4	Ag_2CO_3	8.1×10^{-12}	11.09	40	$FeCO_3$	3.2×10^{-11}	$FeCO_3$

序号	分子式	K_{sp}	pK_{sp}	序号	分子式	K_{sp}	pK_{sp}
5	$Ag_2C_2O_4$	3.5×10^{-11}	10.46	41	$Fe(OH)_2$	8.0×10^{-16}	$Fe(OH)_2$
6	$Ag_2Cr_2O_7$	2.0×10^{-7}	6.70	42	$Fe(OH)_3$	4.0×10^{-38}	$Fe(OH)_3$
7	AgI	8.3×10^{-17}	16.08	43	FeS	6.3×10^{-18}	FeS
8	$AgOH$	2.0×10^{-8}	7.71	44	Hg_2Cl_2	1.3×10^{-18}	17.88
9	Ag_2S	6.3×10^{-50}	49.2	45	HgC_2O_4	1.0×10^{-7}	7.0
10	$AgSCN$	1.0×10^{-12}	12.00	46	Hg_2CO_3	8.9×10^{-17}	16.05
11	Ag_2SO_4	1.4×10^{-5}	4.84	47	$Hg_2(CN)_2$	5.0×10^{-40}	39.3
12	$Al(OH)_3$	4.57×10^{-33}	32.34	48	Hg_2CrO_4	2.0×10^{-9}	8.70
13	$AlPO_4$	6.3×10^{-19}	18.24	49	Hg_2I_2	4.5×10^{-29}	28.35
14	Al_2S_3	2.0×10^{-7}	6.7	50	HgI_2	2.82×10^{-29}	28.55
15	$BaCO_3$	5.1×10^{-9}	8.29	51	$Hg_2(IO_3)_2$	2.0×10^{-14}	13.71
16	BaC_2O_4	1.6×10^{-7}	6.79	52	$Hg_2(OH)_2$	2.0×10^{-24}	23.7
17	$BaCrO_4$	1.2×10^{-10}	9.93	53	$HgSe$	1.0×10^{-59}	59.0
18	$BaSO_4$	1.1×10^{-10}	9.96	54	$HgS(红)$	4.0×10^{-53}	52.4
19	$Be(OH)_2$	1.6×10^{-22}	21.8	55	$HgS(黑)$	1.6×10^{-52}	51.8
20	$CaCO_3$	2.8×10^{-9}	8.54	56	$MgCO_3$	3.5×10^{-8}	7.46
21	$CaC_2O_4 \cdot H_2O$	4.0×10^{-9}	8.4	57	$MgCO_3 \cdot 3H_2O$	2.14×10^{-5}	4.67
22	CaF_2	2.7×10^{-11}	10.57	58	$Mg(OH)_2$	1.8×10^{-11}	10.74
23	$Ca(OH)_2$	5.5×10^{-6}	5.26	59	$Mn(OH)_4$	1.9×10^{-13}	12.72
24	$Ca_3(PO_4)_2$	2.0×10^{-29}	28.70	60	$MnS(粉红)$	2.5×10^{-10}	9.6
25	$CaSO_4$	3.16×10^{-7}	5.04	61	$MnS(绿)$	2.5×10^{-13}	12.6
26	$CaSiO_3$	2.5×10^{-8}	7.60	62	$PbBr_2$	4.0×10^{-5}	4.41
27	CdS	8.0×10^{-27}	26.1	63	$PbCl_2$	1.6×10^{-5}	4.79
28	$CdSeO_3$	1.3×10^{-9}	8.89	64	$PbCO_3$	7.4×10^{-14}	13.13
29	$Co(OH)_2(蓝)$	6.31×10^{-15}	14.2	65	$PbCrO_4$	2.8×10^{-13}	12.55
30	$Co(OH)_2$（粉红，新沉淀）	1.58×10^{-15}	14.8	66	PbS	1.0×10^{-28}	28.00
31	$Co(OH)_2$（粉红，陈化）	2.00×10^{-16}	15.7	67	$PbSO_4$	1.6×10^{-8}	7.79
32	$CuBr$	5.3×10^{-9}	8.28	68	SnS	1.0×10^{-25}	25.0
33	$CuCl$	1.2×10^{-6}	5.92	69	$ZnCO_3$	1.4×10^{-11}	10.84
34	$CuCN$	3.2×10^{-20}	19.49	70	$Zn(OH)_2$	2.09×10^{-16}	15.68
35	$CuCO_3$	2.34×10^{-10}	9.63	71	$\alpha-ZnS$	1.6×10^{-24}	23.8
36	CuI	1.1×10^{-12}	11.96	72	$\beta-ZnS$	2.5×10^{-22}	21.6

四、常用基准物质的干燥条件和应用

基准物质		干燥后的组成	干燥条件(℃)	标定对象
名称	分子式			
碳酸钠	$Na_2CO_3 \cdot 10H_2O$	Na_2CO_3	$270 \sim 300$	酸
硼砂	$Na_2B_4O_7 \cdot 10H_2O$	$Na_2B_4O_7 \cdot 10H_2O$	放在装有氯化钠和饱和蔗糖溶液的密闭器皿中	酸
二水合草酸	$H_2C_2O_4 \cdot 2H_2O$	$H_2C_2O_4 \cdot 2H_2O$	室温空气干燥	碱或$KMnO_4$
邻苯二甲酸氢钾	$KHC_8H_4O_4$	$KHC_8H_4O_4$	$110 \sim 120$	碱
重铬酸钾	$K_2Cr_2O_7$	$K_2Cr_2O_7$	$140 \sim 150$	还原剂
三氧化二砷	As_2O_3	As_2O_3	室温干燥器中保存	氧化剂
草酸钠	$Na_2C_2O_4$	$Na_2C_2O_4$	130	氧化剂
碳酸钙	$CaCO_3$	$CaCO_3$	110	EDTA
锌	Zn	Zn	室温干燥器中保存	EDTA
氧化锌	ZnO	ZnO	$900 \sim 1000$	EDTA
氯化钠	NaCl	NaCl	$500 \sim 600$	$AgNO_3$
硝酸银	$AgNO_3$	$AgNO_3$	$220 \sim 250$	氯化物

五、常用缓冲溶液的配制

(一)醋酸盐、铵盐缓冲溶液的配制

pH	配制方法
3.6	$NaAc \cdot 3H_2O$ 16g，溶于适量水中，加 6mol/L HAc 268mL，稀释至 1L
4.0	$NaAc \cdot 3H_2O$ 40g，溶于适量水中，加 6mol/L HAc 268mL，稀释至 1L
4.5	$NaAc \cdot 3H_2O$ 64g，溶于适量水中，加 6mol/L HAc 136mL，稀释至 1L
5	$NaAc \cdot 3H_2O$ 100g，溶于适量水中，加 6mol/L HAc 68mL，稀释至 1L
5.7	$NaAc \cdot 3H_2O$ 200g，溶于适量水中，加 6mol/L HAc 26mL，稀释至 1L
7	NH_4Ac 154g，溶于适量水中，稀释至 1L
7.5	NH_4Cl 120g，溶于适量水中，加 15mol/L 氨水 2.8mL，稀释至 1L
8	NH_4Cl 100g，溶于适量水中，加 15mol/L 氨水 7mL，稀释至 1L
8.5	NH_4Cl 80g，溶于适量水中，加 15mol/L 氨水 17.6mL，稀释至 1L
9	NH_4Cl 70g，溶于适量水中，加 15mol/L 氨水 48mL，稀释至 1L
9.5	NH_4Cl 60g，溶于适量水中，加 15mol/L 氨水 130mL，稀释至 1L
10	NH_4Cl 54g，溶于适量水中，加 15mol/L 氨水 294mL，稀释至 1L
10.5	NH_4Cl 18g，溶于适量水中，加 15mol/L 氨水 350mL，稀释至 1L
11	NH_4Cl 6g，溶于适量水中，加 15mol/L 氨水 414mL，稀释至 1L

（二）0.2mol/L 碳酸盐缓冲液的配制

pH	0.2mol/L Na₂CO₃（mL）	0.2mol/L NaHCO₃（mL）	pH	0.2mol/L Na₂CO₃（mL）	0.2mol/L NaHCO₃（mL）
9.2	4.0	46.0	10.0	27.5	22.5
9.3	7.5	42.5	10.1	30.0	20.0
9.4	9.5	40.5	10.2	33.0	17.0
9.5	13.0	37.0	10.3	35.5	14.5
9.6	16.0	34.0	10.4	38.5	11.5
9.7	19.5	30.5	10.5	40.5	9.5
9.8	22.0	28.0	10.6	42.5	7.5
9.9	25.0	25.0	10.7	45.0	5.0

（三）0.2mol/L 磷酸盐缓冲液的配制

pH	0.2mol/L NaH₂PO₄（mL）	0.2mol/L Na₂HPO₄（mL）	pH	0.2mol/L NaH₂PO₄（mL）	0.2mol/L Na₂HPO₄（mL）
5.7	93.5	6.5	7.0	39.0	61.0
5.8	92.0	8.0	7.1	33.0	67.0
5.9	90.0	10.0	7.2	28.0	72.0
6.0	87.7	12.3	7.3	23.0	77.0
6.1	85.0	15.0	7.4	19.0	81.0
6.2	81.5	18.5	7.5	16.0	84.0
6.3	77.5	22.5	7.6	13.0	87.0
6.4	73.5	26.5	7.7	10.5	89.5
6.5	68.5	31.5	7.8	8.5	91.5
6.6	62.5	37.5	7.9	7.0	93.0
6.7	56.5	43.5	8.0	5.3	94.7
6.8	51.0	49.0	8.1	4.2	95.8
6.9	45.0	55.0	8.2	3.0	97.0

六、实验室常用酸、碱的浓度

试剂名称	密度(20℃)/(g/mL)	浓度/(mol/L)	质量分数
浓硫酸	1.84	18.0	0.960
浓盐酸	1.19	12.1	0.372
浓硝酸	1.42	15.9	0.704
磷酸	1.70	14.8	0.855
冰醋酸	1.05	17.45	0.998
浓氨水	0.90	14.53	0.566
浓氢氧化钠	1.54	19.4	0.505

七、常用酸碱指示剂的变色域及配制方法

(一)单色指示剂

名称	配制方法	变色范围	
苦味酸 (三硝基苯酚)	0.10g 溶于 100mL 水	无 0.0	1.3 黄
甲紫(结晶紫)	0.20g 溶于 100mL 水	绿 0.0	2.0 紫
孔雀石绿	0.30g 溶于 100mL 冰乙酸	黄 0.0	2.0 绿
甲基紫	0.25g 溶于 100mL 水(0.5g 溶于 100mL 水)	黄 0.1	1.5 蓝
甲基绿	0.05g 溶于 100mL 水	黄 0.1 绿	2.0 浅蓝
喹哪啶红	0.1g 溶于 100mL 甲醇	无 1.0	3.2 红
间胺黄	0.50g 溶于 100mL 水	红 1.2	2.3 黄
间甲酚紫	0.10g 溶于 13.6mL 0.02mol/L 氢氧化钠溶液中,稀释至 250mL	红 1.2	2.8 黄
对二甲苯酚蓝	0.10g 溶于 250mL 乙醇	红 1.2	2.8 黄
百里香酚蓝 (麝香草酚蓝)	0.10g 溶于 10.75mL 0.02mol/L 氢氧化钠中,稀释至 250mL	红 1.2	2.8 黄
金莲橙 OO (橙黄 IV)	0.50g 溶于 100mL 乙醇,或 0.1g 溶于 100mL 水	红 1.3	3.2 黄
二苯胺橙 (橘黄 IV)	0.10g 溶于 100mL 水	红 1.3	3.0 黄
苯红紫 4B	0.10g 溶于 100mL 水	蓝紫 1.3	4.0 红
茜素黄 R	0.10g 溶于 100mL 温水	红 1.9	3.3 黄
2,6-二硝基酚	0.10g 溶于 20mL 乙醇中,稀释至 100mL	无 2.4	4.0 黄
2,4-二硝基酚	0.10g 溶于 20mL 乙醇中,稀释至 100mL	无 2.4	4.4 黄
溴酚蓝	0.10g 溶于 3.0mL 0.05mol/L 氢氧化钠溶液中,稀释至 200mL	黄 2.8	4.6 蓝
对二甲氨基偶 氮苯(二甲基黄)	0.10g 溶于 200mL 乙醇	红 2.9	4.0 黄
溴酚蓝	0.10g 溶于 13.6mL 0.02mol/L 氢氧化钠溶液中,稀释至 250mL(0.040g 溶于乙醇,用乙醇稀释至 100mL)	黄 3.0	4.6 紫
刚果红	0.10g 溶于 100mL 水	蓝紫 3.0	5.2 红
甲基橙	0.10g 溶于 100mL 水	红 3.0	4.4 黄
溴氯酚蓝	0.10g 溶于 8.6mL 0.02mol/L 氢氧化钠溶液中,稀释至 250mL	黄 3.2	4.8 紫
2,5-二硝基酚	0.10g 溶于 20mL 乙醇中。稀释至 100mL	黄 3.2	4.8 紫
茜素磺酸钠	1.0g 溶于 100mL 水	黄 3.7	5.2 紫
溴甲酚绿	0.10g 溶于 7.15mL 0.02mol/L 氢氧化钠溶液中,稀释至 250mL	黄 3.8	5.4 蓝
刃天青	0.10g 溶于 100mL 水	橙 3.8	6.5 暗紫
异胺酸	0.10g 溶于 100mL 乙醇	玫瑰红 4.1	5.6 黄

续　表

名称	配制方法	变色范围		
甲基红	0.10g 溶于 3.72mL 0.02mol/L 氢氧化钠溶液中，稀释至 250mL	红 4.2		6.2 黄
间苯二酚蓝	0.20g 溶于 100mL 乙醇	红 4.4	紫 5.2	6.4 蓝
石蕊	1.0g 溶于微碱性水溶液，然后加微酸性水至 100mL，使之呈紫色	红 4.5		8.3 蓝
胭脂红酸	0.10g 溶于 100mL 乙醇(20% V/V)	黄 4.8	桃红 5.5	6.2 紫
氯酚红	0.10g 溶于 11.8mL 0.02mol/L 氢氧化钠溶液中，稀释至 250mL	黄 5.0		6.6 玫瑰红
溴甲酚紫	0.10g 溶于 9.25mL 0.02mol/L 氢氧化钠溶液中，稀释至 250mL	黄 5.2		6.8 紫
溴酚红	0.10g 溶于 9.75mL 0.02mol/L 氢氧化钠溶液中，稀释至 250mL	黄 5.2		7.0 红
茜素	0.10g 溶于 100mL 水或乙醇	黄 5.5		7.0 红
对硝基酚	0.25g 溶于 100mL 水	无 5.6		7.4 黄
松色素	1.0g 溶于乙醇	无 5.8		7.8 红紫
溴百里香酚蓝 (溴麝香草酚蓝)	0.10g 溶于 8.0mL 0.02mol/L 氢氧化钠溶液中，稀释至 250mL	黄 6.0		7.6 蓝
儿茶酚紫	0.10g 溶于 100mL 水	黄 6.0		7.0 紫
姜黄	饱和水溶液	黄 6.0		8.0 橙红
玫瑰酸	0.50g 溶于 50mL 乙醇，稀释至 100mL	黄 6.2		8.0 红
中性红	0.10g 溶于 70mL 乙醇中。稀释至 100mL	红 6.8		8.0 黄
苯酚红	0.10g 溶于 14.20mL 0.02mol/L 氢氧化钠溶液中，稀释至 250mL	黄 6.8		8.2 红
树脂质酸 (玫红酸)	1.0g 溶于 100mL 乙醇(50% V/V)	黄 6.8		8.2 红
间硝基酚	0.30g 溶于 100mL 水	无 6.8		8.4 黄
喹啉蓝	0.10g 溶于 100mL 乙醇	无 7.0		8.0 紫蓝
1-萘酚酞	1.0g 溶于 100mL 乙醇(50% V/V)中	粉红 7.0		8.6 蓝绿
甲酚红	0.10g 溶于 13.1mL 0.02mol/L 氢氧化钠溶液中，稀释至 250mL	黄 7.2		8.8 紫红
α-萘酚酞	0.10g 溶于 70mL 乙醇，稀释至 100mL	黄 7.3		8.7 蓝绿
间甲酚紫	0.10g 溶于 13.1mL 0.02mol/L 氢氧化钠溶液中，稀释至 250mL	黄 7.4		9.0 紫
金莲橙 OOO	0.10g 溶于 100mL 水	黄绿 7.6		8.9 玫瑰红
橘黄 I	1.0g 溶于 100mL 水	橙 7.6		8.9 粉红
百里香酚蓝 (麝香草酚蓝)	0.10g 溶于 100mL 乙醇	黄 8.0		9.6 蓝
对二甲苯酚蓝	0.10g 溶于 250mL 乙醇	黄 8.0		9.6 蓝
酚酞	0.10g 溶于 60mL 乙醇中，稀释至 100mL(GB603-88 1.0g 溶于 6100mL 乙醇中)	无 8.0		10.0 红
邻甲酚酞	0.10g 溶于 250mL 乙醇	无 8.2		9.8 红

名称	配制方法	变色范围	
1-萘酚苯	0.10g 溶于 100mL 乙醇	黄 8.5	9.8 绿
百里香酚酞 （麝香草酚酞）	0.10g 溶于 100mL 乙醇	无 9.0	10.2 蓝
二甲苯酚酞	0.10g 溶于 70mL 乙醇，稀释至 100mL	无 9.3	10.5 蓝
茜素黄 GG	0.10g 溶于 100mL 乙醇（50% V/V）	黄 10.0	12.0 棕黄
耐尔蓝	1.0g 溶于 100mL 冰乙酸	蓝 10.1	11.1 红
泡依蓝 C4B	0.20g 溶于 100mL 水	蓝 11.0	13.0 红
硝胺	0.10g 溶于 100mL 乙醇（70% V/V）	黄 11.0	13.0 橙棕
金莲橙 O	0.10g 溶于 100mL 水	黄 11.0	12.0 橙
茜素蓝 SA	0.05g 溶于 100mL 水	绿 11.0	13.0 蓝
1,3,5-三硝基苯	0.10g 溶于 100mL 乙醇（50% V/V）	无 11.5	14.0 橙
靛蓝二磺酸钠 （靛红，靛胭脂）	0.25g 溶于 100mL 乙醇（50% V/V）	蓝 11.6	14.0 黄
达旦黄	0.10g 溶于 100mL 水	黄 12.0	13.0 红

（二）常用荧光指示剂

名称	配制方法	变色范围	
曙红	1.0g 钠盐溶于 100mL 水	无 0	3.0 绿
水杨酸	0.5g 钠盐溶于 100mL 水	无 2.5	4.0 暗蓝
2-萘胺	0.5g 溶于 100mL 乙醇	无 2.8	4.4 紫
1-萘胺	0.5g 溶于 100mL 乙醇	无 3.4	4.8 蓝
奎宁	0.1g 溶于 100mL 乙醇	蓝 3.0	5.0 浅紫
		浅紫 9.5	10.0 无
2-羟基-3-萘甲酸	0.1g 钠盐溶于 100mL 水	蓝 3.0	6.8 绿
荧光素（荧光黄）	1.0g 钠盐溶于 100mL 水	粉红绿 4.0	6.0 绿
鲁米诺	0.1g 溶于 500mL 水，加 5mL 1.0mol/L 氢氧化钠，稀释至 1L	无 6.0	7.0 蓝
喹啉	配制成饱和水溶液	蓝 6.2	7.2 无
2-萘酚	0.1g 溶于 100mL 乙醇	无 8.5	9.5 蓝
香豆素	溶于乙醇，具体未知	无 9.5	10.5 浅绿

附录 2　有机化学实验中的常用参数

一、常见有机溶剂间的共沸混合物

共沸混合物	组分的沸点/℃	共沸物的组成(质量)/%	共沸物的沸点/℃
乙醇－乙酸乙酯	78.3、78.0	30∶70	72.0
乙醇－苯	78.3、80.6	32∶68	68.2
乙醇－氯仿	78.3、61.2	7∶93	59.4
乙醇－四氯化碳	78.3、77.0	16∶84	64.9
乙酸乙酯－四氯化碳	78.0、77.0	43∶57	75.0
甲醇－四氯化碳	64.7、77.0	21∶79	55.7
甲醇－苯	64.7、80.4	39∶61	48.3
氯仿－丙酮	61.2、56.4	80∶20	64.7
甲苯－乙酸	101.5、118.5	72∶28	105.4
乙醇－苯－水	78.3、80.6、100	19∶74∶7	64.9

二、一些溶剂与水形成的二元共沸物

溶剂	沸点/℃	共沸点/℃	含水量/%	溶剂	沸点/℃	共沸点/℃	含水量/%
氯仿	61.2	56.1	2.5	甲苯	110.5	85.0	20
四氯化碳	77.0	66.0	4.0	正丙醇	97.2	87.7	28.8
苯	80.4	69.2	8.8	异丁醇	108.4	89.9	88.2
丙烯腈	78.0	70.0	13.0	二甲苯	137~40.5	92.0	37.5
二氯乙烷	83.7	72.0	19.5	正丁醇	117.7	92.2	37.5
乙腈	82.0	76.0	16.0	吡啶	115.5	94.0	42
乙醇	78.3	78.1	4.4	异戊醇	131.0	95.1	49.6
乙酸乙酯	77.1	70.4	8.0	正戊醇	138.3	95.4	44.7
异丙醇	82.4	80.4	12.1	氯乙醇	129.0	97.8	59.0
乙醚	35	34	1.0	二硫化碳	46	44	2.0
甲酸	101	107	26				

三、用于有机溶剂的中等强度的干燥剂

干燥剂	容量	速率	注 解
CaSO$_4$	1/2H$_2$O	极快(1)	以商品名 Drieritt 出售,加或不加颜色指示剂;非常有效,干时指示剂(CoCl$_2$)呈蓝色,吸水后变成粉红色(容量 CoCl$_2 \cdot$6H$_2$O);适用的温度范围为 $-50 \sim +86$℃。某些有机溶剂能使 CoCl$_2$ 沥出或改变颜色(如丙酮、醇类、吡啶等)
CaCl$_2$	6H$_2$O	极快(2)	不是很有效;只用于烃或卤代烃(与含氮和含氮化合物形成溶剂化物、络合物,或发生反应)
MgSO$_4$	7H$_2$O	极快(4)	出色的通用干燥剂;非常惰性但可能呈弱酸性(避免用于对酸极敏感的化合物),可能溶于某些有机溶剂
4A 分子筛	高	快(30)	非常有效;建议先用普通干燥剂后用此物;3A 分子筛也是出色的干燥剂
NaSO$_4$	10H$_2$O	慢(290)	非常温和,非常有效,便宜,高容量;很适于初步干燥,但不可以使溶剂受热
K$_2$CO$_3$	2H$_2$O	快	对于酯腈酮,特别是醇,是良好的干燥剂;不可以用于酸性化合物
NaOH、KOH	极高	快	高效但只适用于不会使其溶解的惰性溶液;特别适用于胺
H$_2$SO$_4$	极高	极快	极有效,但只限于用来干燥饱和烃或芳香烃或卤代烃(硫酸会与烯或其他碱性化合物作用使之损失)
氧化铝或硅胶(SiO$_2$)	极高	极快	特别适用于烃,应该研细;用过后加热(SiO$_2$ 为 300℃,Al$_2$O$_3$ 为 500℃)就可以重新活化

四、有机物正别名对照

别名	化学名	别名	化学名	别名	化学名
曲酸	5-羟基-2-羟甲基-1,4-吡喃酮	柠檬酸	2-羟基丙烷-1,2,3-三羧酸	焦性没食子酸	1,2,3-苯三酚
烟酸	吡啶-3-甲酸	水杨酸	2-羟基苯甲酸	巴豆醛	2-丁烯醛
肌酸	N-甲基胍基乙酸	山梨酸	2,4-己二烯酸	月桂酸	十二烷酸
草酸	乙二酸	肉桂酸	苯丙烯酸	马来酸	顺丁烯二酸
甘油	1,2,3-丙三醇	富马酸	反丁烯二酸	安息香酸	苯甲酸
乳酸	2-羟基丙酸	二甘醇	一缩二乙二醇	乌洛托品	六亚甲基四胺
肥酸	己二酸	没食子酸	3,4,5-三羟基苯甲酸	香草醛	4-羟基-3-甲氧基苯甲醛
糠醛	呋喃甲醛	糠醇	呋喃甲醇	茴香醛	对甲氧基苯甲醛
蚁酸	甲酸	儿茶酚	邻苯二酚		

五、干燥剂使用指南

干燥剂	适合干燥的物质	不适合干燥的物质	吸水量(g/g)	活化温度
氧化铝	烃、空气、氨气、氩气、氮气、氖气、氧气、氢气、二氧化碳、二氧化硫		0.2	175℃
氧化钡	有机碱、醇、醛、胺	酸性物质、二氧化碳	0.1	
氧化镁	烃、醛、醇、碱性气体、胺	酸性物质	0.5	800℃
氧化钙	醇、胺、氨气	酸性物质、酯	0.3	1000℃
硫酸钙	大多数有机物		0.066	235℃
硫酸铜	酯、醇、(特别适合苯和甲苯的干燥)		0.6	200℃
硫酸钠	氯代烷烃、氯代芳烃、醛、酮、酸		1.2	150℃
硫酸镁	酸、酮、醛、酯、腈	对酸敏感的物质	0.2~0.8	200℃
氯化钙 (<20目)	氯代烷烃、氯代芳烃、酯、饱和芳香烃、芳香烃、醚	醇、胺、苯酚、醛、酰胺、氨基酸、某些酯和酮	0.2(1H_2O) 0.3(2H_2O)	250℃
氯化锌	烃	氨、胺、醇	0.2	110℃
氢氧化钾	胺、有机碱	酸、苯酚、酯、酰胺、酸性气体、醛		
氢氧化钠	胺	酸、苯酚、酯、酰胺		
碳酸钾	醇、腈、酮、酯、胺	酸、苯酚	0.2	300℃
钠	饱和脂肪烃和芳香烃、醚	酸、醇、醛、酮、胺、酯、氯代有机物、含水过高的物质		
五氧化二磷	烷烃、芳香烃、醚、氯代烷烃、氯代芳烃、酸酐、腈、酯	醇、酸、胺、酮、氟化氢和氯化氢	0.5	
浓硫酸	惰性气体、氯化氢、氯气、一氧化碳、二氧化硫	基本不能与其他物质接触		
硅胶 (6~16目)	绝大部分有机物	氟化氢	0.2	200~350℃
3A 分子筛	分子直径>3A	分子直径<3A	0.18	117~260℃
4A 分子筛	分子直径>4A	分子直径<4A,如乙醇、硫化氢、二氧化碳、二氧化硫、乙烯、乙炔、强酸	0.18	250℃
5A 分子筛	分子直径>5A,如,支链化合物和有4个碳原子以上的环	分子直径<5A,如丁醇、正丁烷到正22烷	0.18	250℃

六、常用有机溶剂的纯化

(一)甲醇

沸点 64.96℃，折光率 1.3288，相对密度 0.7914。

普通未精制的甲醇含有 0.02% 丙酮和 0.1% 水，而工业甲醇中这些杂质的含量达 0.5% ~1%。

为了制得纯度达 99.9% 以上的甲醇，可将甲醇用分馏柱分馏，收集 64℃ 的馏分，再用镁除去水(与制备无水乙醇相同)。甲醇有毒，处理时应防止吸入蒸气。

(二)乙醇

沸点 78.5℃，折光率 1.3616，相对密度 0.7893。

制备无水乙醇的方法很多，根据对无水乙醇质量的要求不同而选择不同的方法。

1. 若要求 98% ~99% 的乙醇，可采用下列方法：

(1)利用苯、水和乙醇形成低共沸混合物的性质，将苯加入乙醇中，进行分馏。在 64.9℃ 时蒸出苯、水、乙醇的三元恒沸混合物；多余的苯在 68.3℃ 与乙醇形成二元恒沸混合物被蒸出；最后蒸出乙醇。工业多采用此法。

(2)用生石灰脱水。于 100mL 95% 乙醇中加入新鲜的块状生石灰 20g，回流 3~5 小时，然后进行蒸馏。

2. 若要 99% 以上的乙醇，可采用下列方法：

(1)在 100mL 99% 乙醇中，加入 7g 金属钠，待反应完毕，再加入 27.5g 邻苯二甲酸二乙酯或 25g 草酸二乙酯，回流 2~3 小时，然后进行蒸馏。

金属钠虽能与乙醇中的水作用，产生氢气和氢氧化钠，但所生成的氢氧化钠又与乙醇发生平衡反应。因此单独使用金属钠不能完全除去乙醇中的水，须加入过量的高沸点酯。如邻苯二甲酸二乙酯与生成的氢氧化钠作用，抑制上述反应，从而达到进一步脱水的目的。

(2)在 60mL 99% 乙醇中，加入 5g 镁和 0.5g 碘，待镁溶解生成醇镁后，再加入 900mL 99% 乙醇，回流 5 小时后蒸馏，可得到 99.9% 乙醇。

由于乙醇具有非常强的吸湿性，所以在操作时，动作要迅速，尽量减少转移次数以防止空气中的水分进入；同时所用仪器必须事前干燥好。

(三)丙酮

沸点 56.2℃，折光率 1.3588，相对密度 0.7899。

普通丙酮常含有少量的水及甲醇、乙醛等还原性杂质。其纯化方法有：

1. 在 250mL 丙酮中加入 2.5g 高锰酸钾回流；若高锰酸钾紫色很快消失，再加入少量高锰酸钾继续回流，至紫色不褪为止。然后将丙酮蒸出，用无水碳酸钾或无水硫酸钙干燥，过滤后蒸馏，收集 55 – 56.5℃ 的馏分。用此法纯化丙酮时，须注意丙酮中所含的还原性物质不能太多，否则会过多消耗高锰酸钾和丙酮，使处理时间增长。

2. 将 100mL 丙酮装入分液漏斗中，先加入 4mL 10% 硝酸银溶液，再加入 3.6mL

1mol/L 氢氧化钠溶液，振摇 10 分钟，分出丙酮层，再加入无水硫酸钾或无水硫酸钙进行干燥。最后蒸馏收集 55～56.5℃的馏分。此法比方法 1 要快，但硝酸银较贵，只宜做小量纯化时使用。

（四）苯

沸点 80.1℃，折光率 1.5011，相对密度 0.87865。

普通苯常含有少量水和噻吩，噻吩沸点 84℃，与苯接近，不能用蒸馏的方法除去。

噻吩的检验：取 1mL 苯加入 2mL 溶有 2mg 吲哚醌的浓硫酸，振荡片刻，若酸层显蓝绿色，即表示有噻吩存在。

噻吩和水的除去：将苯装入分液漏斗中，加入相当于苯体积 1/7 的浓硫酸，振摇使噻吩磺化，弃去酸液，再加入新的浓硫酸，重复操作几次，直到酸层呈现无色或淡黄色并检验无噻吩为止。将无噻吩的苯依次用 10% 碳酸钠溶液和水洗至中性，再用氯化钙干燥，进行蒸馏，收集 80℃的馏分，最后用金属钠脱去微量的水得无水苯。

参考文献

1. 高占先. 有机化学实验[M]. 4 版. 北京：高等教育出版社，2005.

2. 高鸿宾. 有机化学[M]. 4 版. 北京：高等教育出版社，2006.

3. 李霁良. 微型半微型有机化学实验[M]. 北京：高等教育出版社，2003.

4. 曾绍琼. 有机化学实验[M]. 3 版. 北京：高等教育出版社出版，2000.

5. 兰州大学，复旦大学. 有机化学实验[M]. 北京：高等教育出版社，2000.

6. 焦家俊. 有机化学实验[M]. 上海：上海交通大学出版社，2000.

7. 南京大学. 无机及分析化学实验[M]. 5 版. 北京：高等教育出版社，2015.

8. 武汉大学. 无机及分析化学实验[M]. 2 版. 武汉：武汉大学出版社，2001.

9. 郑春生. 基础化学实验（无机及化学分析实验部分）[M]. 天津：南开大学出版社，2001.

10. 北京师范大学. 无机化学实验[M]. 3 版. 北京：高等教育出版社，2001.

11. 武汉大学. 无机化学实验[M]. 武汉：武汉大学出版社，2002.

12. 贾瑛，许国根，张剑. 绿色有机化学实验[M]. 西安：西北工业大学出版社，2009.

13. 刘铮，丁国华，杨世军. 有机化学实验绿色化教程[M]. 北京：冶金工业出版社，2017.

14. 刘树恒. 化学实验绿色化的探索与实践[M]. 保定：河北大学出版社，2012.